MATHEMATISCHE SCHÜLERBÜCHEREI

Belkner, Determinanten
Nr. 33 | 99 Seiten | 4,80 M | 665 100 1

Belkner, Matrizen
Nr. 48 | 96 Seiten | 4,30 M | 665 552 0

Deweß, Heureka heute/Kostproben praxiswirksamer Mathematik
in Vorbereitung

Deweß/Deweß, Summa summarum/Kostproben unterhaltsamer Mathematik
Nr. 125 | 92 Seiten | 15,– M | 666 317 6

Flachsmeyer/Feiste/Manteuffel, Mathematik und ornamentale Kunstformen
in Vorbereitung

Gelfand/Glagolewa/Kirillow, Die Koordinatenmethode
Nr. 41 | 75 Seiten | 3,40 M | 665 107 9

Gelfand/Glagolewa/Schnol, Funktionen und ihre graphische Darstellung
Nr. 58 | 127 Seiten | 7,– M | 665 600 5

Hasse, Grundbegriffe der Mengenlehre und Logik
Nr. 2 | 84 Seiten | 3,30 M | 665 084 2

Jaglom, Ungewöhnliche Algebra
Nr. 83 | 95 Seiten | 5,50 M | 665 789 2

Kadeřávek, Geometrie und Kunst in früherer Zeit
in Vorbereitung

Kantor/Solodownikow, Hyperkomplexe Zahlen
Nr. 95 | 156 Seiten | 9,– M | 665 871 3

Kästner/Göthner, Algebra – aller Anfang ist leicht
Nr. 107 | 155 Seiten | 8,40 M | 666 138 1

Krysicki, Keine Angst vor x und y/Quadratische Gleichungen und Gleichungssysteme
Nr. 119 | 108 Seiten | 6,50 M | 666 186 7

Lang, Faszination Mathematik/Ein Wissenschaftler stellt sich der Öffentlichkeit
Nr. 138 | 141 Seiten | 10,– M | 666 457 4

Springer Fachmedien Wiesbaden GmbH

EBERHARD SCHRÖDER

Mathematik im Reich der Töne

4. AUFLAGE

MIT 61 ABBILDUNGEN

Springer Fachmedien Wiesbaden GmbH 1990

MATHEMATISCHE SCHÜLERBÜCHEREI · Nr. 106

Bildnachweis:

Deutsche Fotothek Dresden (Abb. 11, 12, 13, 18, 19, 41, 47, 56)
Musikinstrumenten-Museum der Karl-Marx-Universität Leipzig (Abb. 9)
S. Stolpmann, Berlin (Abb. 20)
U. Pschewoschny, Berlin (Abb. 22, 23)

Den Umschlag gestaltete E. Kretschmer, Leipzig, unter Verwendung eines italienischen Holzschnittes aus dem 15. Jahrhundert.

Schröder, Eberhard:
Mathematik im Reich der Töne / Eberhard Schröder. – 4. Aufl. –
Leipzig: BSB Teubner, 1990. –
111 S. : 61 Abb.
(Mathematische Schülerbücherei; 106)
NE : GT

ISBN 978-3-322-00476-5 ISBN 978-3-663-10762-0 (eBook)
DOI 10.1007/978-3-663-10762-0

Math. Sch.büch.
ISSN 0076-5449

Ursprünglich erschienen bei BSB B. G. Teubner Verlagsgesellschaft, Leipzig, 1982.

4. Auflage
VLN 294-375/101/90 · LSV 1009
Lektor: Jürgen Weiß
Buchbinderei: Leipziger Großbuchbinderei GmbH
Bestell-Nr. 666 078 4
00700

Vorwort

Zentrales Anliegen dieses Buches ist es, einen Überblick über den mathematischen Aufbau der Tonleitern nach dem pythagoreischen, dem diatonischen und dem temperierten Stimmungsprinzip zu geben. Die Tonleitern werden in der Reihenfolge ihrer historischen Entwicklung behandelt.
Im Zusammenhang mit der pythagoreischen Tonleiter wird auf die philosophischen Lehrmeinungen der Pythagoreer eingegangen und die ideelle Krise aufgezeigt, die in dieser Philosophenschule als Folge der Widerlegung ihrer Lehren auftrat. Vorzüge und Nachteile der pythagoreischen und diatonischen Tonleitern werden gegeneinander abgewogen. In neuerer Zeit erwuchs aus den Forderungen der musikalischen Praxis nach Modulationsfähigkeit von Instrumenten mit fester Stimmlage das erstmalig von M. Mersenne ausgearbeitete Prinzip der temperierten Stimmung. Nach Durchsetzung der temperierten Tonskala wurde in der Mitte des 19. Jahrhunderts mit der Festlegung der absoluten Schwingungszahlen eine weitere Voraussetzung für die Internationalisierung des Musiklebens erfüllt.
Dieses Buch weist auf zahlreiche Querverbindungen zwischen dem mathematischen Aufbau der Tonleitern und der Gestaltung bzw. Konstruktion von Musikinstrumenten hin. Die Begriffe harmonische Schwingung, Resonanz, Schwebung und harmonische Analyse einer periodischen Schwingung sind gleichfalls Gegenstände der Betrachtung. Die geometrische Schallreflexion an einigen gekrümmten Flächen und die Resonanz werden im Hinblick auf die Raumakustik behandelt. Mit der Erläuterung sowohl des Weber-Fechnerschen Gesetzes als auch des Ohmschen Gesetzes an Hand von Beispielen und mit der Gegenüberstellung der Verhältniszahlen von Dur- und Moll-Akkord werden physikalisch-psychische Wechselbeziehungen in die Betrachtungen einbezogen. Die abschließende Behandlung des Doppler-Effektes in der Akustik sowie ein Ausblick auf Erscheinungen der elektromagnetischen Wellenausbreitung führen die Nützlichkeit aber auch die Grenzen von Modellbildungen aus der klassischen Mechanik vor Augen. Die Rolle der Mathematik

für das kompositorische Schaffen wird unter Beschränkung auf das vorliegende Thema bewußt ausgeklammert.
Das Kernstück dieses Buches ist aus einer Aufsatzreihe hervorgegangen, die ich für die Mathematische Schülerzeitschrift „alpha" Heft 6 (1972) und Heft 1 (1973) unter dem Titel „Mathematik im Reich der Töne" verfaßt hatte. Herr J. Weiß vom Teubner-Verlag schlug mir vor, dieses Thema noch tiefgehender zu bearbeiten, damit es als Titel in die Reihe „Mathematische Schülerbücherei" aufgenommen werden kann. Nach Abschluß des Manuskriptes scheint mir die Erwartung gerechtfertigt zu sein, daß dieses Buch mathematisch-physikalisch und musisch aufgeschlossene Schüler und Studenten anzusprechen vermag. Ebenso wie der interessierte Laie wird aber auch der durch seine musikalische Praxis mit dem Reich der Töne verbundene Künstler dieser Darstellung manche Anregung entnehmen können.
Zur Erstellung des Manuskriptes waren verschiedenartige technische Zuarbeiten erforderlich, wofür ich mich an dieser Stelle aufrichtig bedanke. Dieser Dank gilt Herrn Dr. R. Ortleb vom Wissenschaftsbereich MKR an der Sektion Mathematik der TU Dresden, der die Bilder zur harmonischen Analyse einer periodischen Funktion sowie graphische Darstellungen von Schwebungen und Superpositionen harmonischer Schwingungen rechentechnisch aufbereitete und aufzeichnen ließ. Frau I. Tittel steuerte Zeichnungen sehr guter Qualität bei. Die Deutsche Fotothek in Dresden unterstützte mich in entgegenkommender Weise bei der Beschaffung von geeignetem Bildmaterial.
Nicht zuletzt gilt mein Dank dem BSB B. G. Teubner Verlagsgesellschaft für die Aufnahme dieses Buches in die „Mathematische Schülerbücherei" und für die sehr angenehme Zusammenarbeit.

Dresden, im August 1981 E. Schröder

HARMONIE
VNIVERSELLE.

Laudate eum in Pſalterio & Cithara.
Omnis ſpiritus laudet Dominum. *Pſalme 150.*

Abb. 1. Illustriertes Titelblatt des 1636 erschienenen Buches „Harmonie universelle“ von Marin Mersenne (vgl. dazu S. 65 ff.)

Inhalt

1. Licht als Wellenerscheinung

Zu den am besten entwickelten Sinnesorganen des Menschen gehören Auge und Ohr. Mit dem Auge erfassen wir nicht nur Umriß, Form und Entfernung eines Gegenstandes, sondern auch dessen Farbe, sofern dieses Objekt weiß beleuchtet ist. Läßt man das von der Natur bereitgestellte Sonnenlicht, welches als weißes Licht erscheint, über einen Spalt durch ein Glasprisma treten, so wird der weiße Strahl in ein Spektrum von Farben zerlegt (Abb. 2). Der rote Farbanteil wird durch das Prisma am

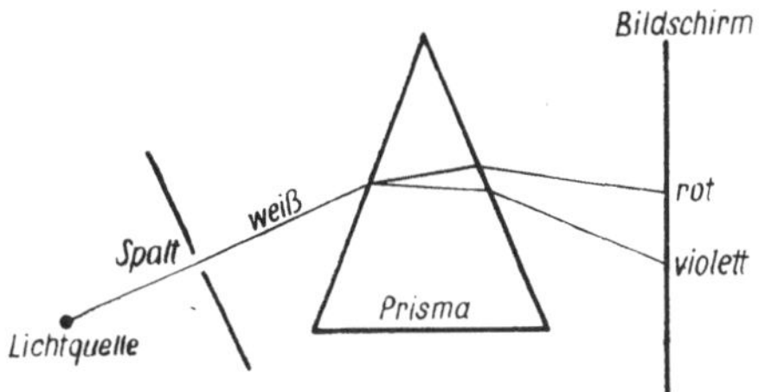

Abb. 2. Zerlegung eines weißen Lichtstrahles durch ein Prisma

schwächsten und der violette Anteil am stärksten gebrochen, dazwischen liegen die Farben Orange, Gelb, Grün und Blau[1]). Die Lichtausbreitung beruht auf einem elektromagnetischen Schwingungsvorgang, bei dem sich die Schwingungen mit einer Geschwindigkeit von etwa 300000 $km \cdot s^{-1}$ ausbreiten. Wegen der Größe dieser Geschwindigkeit kann man für irdische Entfernungen die Zeit zwischen dem Aufleuchten eines Lichtblitzes und seiner Wahrnehmung durch das menschliche Auge gleich Null setzen.

Aus den beim Licht experimentell beobachtbaren Interferenzerscheinungen kann auf die Wellennatur des Lichtes geschlossen werden. Weiter läßt sich zeigen, daß jeder Farbe des Spektrums eine gewisse Wellenlänge des sichtbaren Lichtes zuzuordnen ist. Das rote Licht hat eine Wellenlänge von etwa 640 nm, das

---

[1]) Früher war es üblich, zwischen Blau und Violett Indigo einzufügen.

violette von etwa 410 nm. Wird die Ausbreitungsgeschwindigkeit des Lichtes mit c, die Wellenlänge mit λ und die Schwingungszahl pro Sekunde mit f bezeichnet, so gilt $c = \lambda \cdot f$. Nach dieser Formel errechnet man die Frequenzen $f_1 = 0{,}47 \cdot 10^{15}$ Hz[1]) und $f_2 = 0{,}73 \cdot 10^{15}$ Hz für das rote bzw. violette Licht. Lediglich die elektromagnetischen Schwingungen des zwischen $0{,}4 \cdot 10^{15}$ Hz und $0{,}8 \cdot 10^{15}$ Hz liegenden Frequenzbereiches vermag das menschliche Auge wahrzunehmen.

Als Gegenstück zur Zerlegung des weißen Lichtes in seine Spektralfarben kann man mit dem Farbkreisel deren Zusammensetzung zu weißem Licht zeigen (Abb. 3). Sind an einer Kreis-

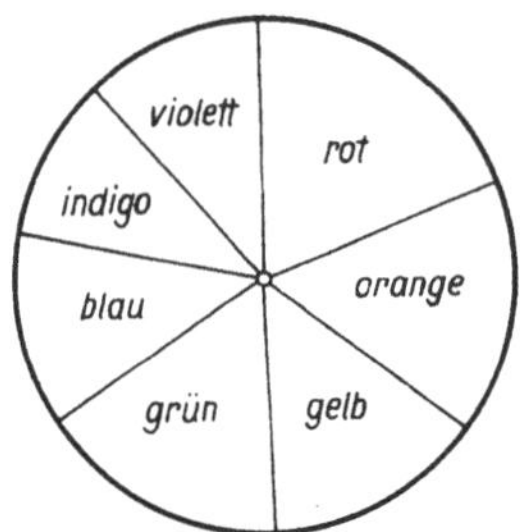

Abb. 3. Scheibe des Farbkreisels

scheibe die Spektralfarben anteilmäßig auf Sektoren verteilt und versetzt man die Scheibe in hinreichend schnelle Rotation um ihre Drehachse, so registriert unser Auge das neutrale Weiß als Farbe. Deckt man eine der Farben, etwa Grün, mit einem weißen Sektor ab, so registriert das Auge bei Rotation der Scheibe Rot. Grün und Rot heißen Komplementärfarben, und zwischen Blau und Gelb besteht die gleiche Beziehung. Komplementäre Farbenpaare liegen sich beim Farbkreisel gegenüber.

Das menschliche Auge vermag nur einen sehr kleinen Ausschnitt aus dem großen Spektrum elektromagnetischer Wellen zu registrieren. Jenseits des violetten Bandes liegt das Ultraviolett, woran sich die Bereiche der Röntgenstrahlung und der Gammastrahlung anschließen. Über Rot hinausgehend findet sich der ultrarote Bereich. Von der Wärmestrahlung führt das Spektrum

[1]) Das Hertz ist die Frequenz eines periodischen Vorgangs mit der Periodendauer 1 s; 1 Hz = 1 s^{-1}; benannt nach *Heinrich Hertz* (1857–1894).

in den Bereich der Hertzschen Wellen, welche für die drahtlose Telegrafie, den Rundfunk und das Fernsehen von fundamentaler Bedeutung sind (Abb. 4).

Durch Farbkombinationen wird unser ästhetisches Empfinden angesprochen. Erblicken wir ein Blumenarrangement, das sich durch geschmackvolle Auswahl der Blumen und Farben aus-

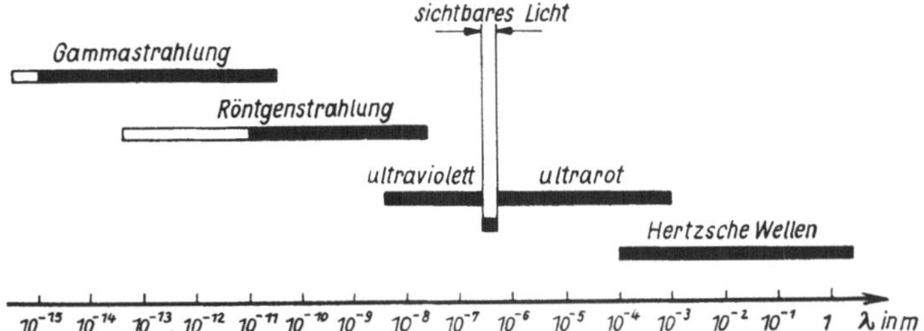

Abb. 4. Logarithmische Skala des Spektrums der elektromagnetischen Wellen; Abstand zweier benachbarter Skalenstriche entspricht etwa zwei Oktaven

zeichnet, so sprechen wir von einer „Farbsinfonie". Aber auch die Begriffe „Harmonie" und „Tönung" werden mit Farbempfindungen verknüpft; beispielsweise können unglückliche Kombinationen verschiedenfarbiger Kleidungsstücke beim Betrachter ein unwohles Gefühl auslösen. Mit Hilfe der diesen Farben zugeordneten Schwingungszahlen kann für das Unbehagen oder Wohlbefinden beim Anblick bestimmter Farbkombinationen eine physikalische Bereiche berührende Begründung gegeben werden.

2. Töne als Schwingungen der Luft

Eine völlig andere Welt von Schwingungen erschließt sich dem Menschen durch sein Gehör. Für die akustischen Schwingungen der Luft sind wir nicht nur mittels des Ohres Empfänger, sondern mittels unserer Stimme auch Sender und Erzeuger. Aber wie haben wir uns die Erzeugung und Ausbreitung des Schalls vorzustellen? Denken wir einmal an den Knall eines Feuerwerkskörpers! Durch eine kleine Explosion wird schlagartig ein Verbrennungsgas freigesetzt, das sich kugelförmig nach allen Seiten auszubreiten sucht. Der von uns als Knall empfundene Verdichtungsstoß pflanzt sich in der Luft mit Schallgeschwindigkeit fort, wobei die Größe dieser Geschwindigkeit temperaturabhängig ist. Bei 0 °C legt der Schall 331 $m \cdot s^{-1}$ und bei 18 °C 342 $m \cdot s^{-1}$ zurück, trockene Luft vorausgesetzt. Bei theoretischen Betrachtungen werden wir den Näherungswert $c = 340\, m \cdot s^{-1}$ verwenden. Durch Hindernisse wie Häuser, Bäume oder Berge wird der Schall absorbiert oder reflektiert. Wird z. B. die menschliche Sprache an einer Felswand reflektiert, so spricht man von einem Echo oder Widerhall. Der Schallreflexion in der Akustik entspricht die Spiegelung in der Optik.

Folgen ganz schwache Verdichtungsstöße der Luft mit einer bestimmten Frequenz aufeinander, so nimmt unser Hörorgan diese als einen Ton wahr. Dieser Vorgang wird dann gleichfalls als Schwingungsvorgang bezeichnet, und man kann mit Recht von Schallwellen sprechen. Diese darf man sich jedoch nicht wie die Wellen der Wasseroberfläche vorstellen. Wasserwellen sind Transversalwellen, während bei der Schallausbreitung Longitudinalwellen entstehen. Die Luftteilchen schwingen hier in Richtung der Schallausbreitung, ohne daß dabei ein Materietransport zu verzeichnen ist (Abb. 5). Schauen wir von einem hohen Turm oder aus einem Flugzeug auf ein vom Wind bewegtes Kornfeld, so erhalten wir eine ungefähre Vorstellung von dem Fortschreiten der Verdichtungsstöße in der Materie. Beim Kornfeld sind es die Ähren, die als Träger dieser Verdichtungsstöße fungieren; für unser Tonempfinden ist es die Luft.

Voraussetzung für die Ausbreitung einer akustischen Schwingung ist das Vorhandensein eines geeigneten Mediums, meistens Luft. Ihre Elastizität läßt sich leicht mit einer Luftpumpe demonstrieren. Preßt man den Pumpenkolben bei zugehaltener Öffnung in den Pumpenzylinder, so spürt man eine federnde Gegenkraft, die sich entspannt, sobald kein Druck mehr ausgeübt wird.

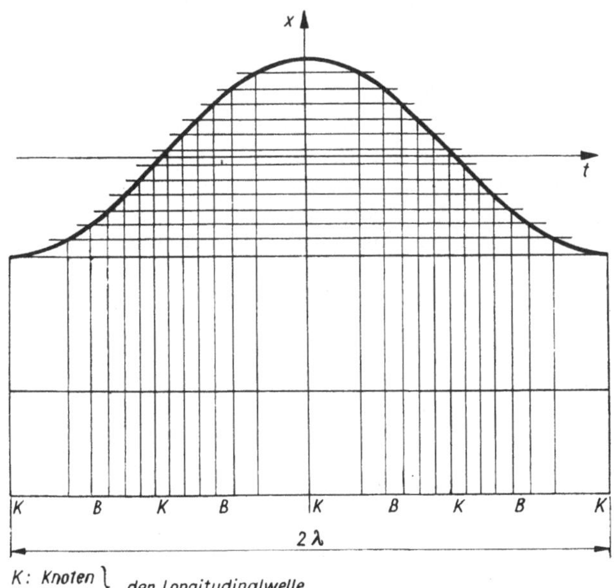

Abb. 5. Konstruktion einer Longitudinalwelle

Im Gegensatz zum Knall, Klang oder Geräusch kann man einem Ton folgende Eigenschaften zuschreiben:

1. Die Schwingung eines Tones ist regelmäßig.
2. Die Frequenz eines Tones ist feststehend.
3. Ein reiner Ton ist frei von Oberschwingungen.
4. Lautstärke und Schwingungsweite stehen in einer mathematisch faßbaren Beziehung zueinander.

Unser Ohr registriert allerdings nicht jeden sich mit einer bestimmten Frequenz vollziehenden Wechsel von Luftverdichtung und Luftverdünnung als Ton, weil wir lediglich die akustischen Schwingungen im Frequenzbereich von 16 bis 20000 Hz wahrnehmen. Dabei ist die obere Grenze einem altersbedingten Schwund ausgesetzt. In der Musik beschränkt man sich für die Grundtöne auf einen Frequenzbereich von 30 bis 4000 Hz. Die höchste Reizbarkeit unseres Ohres für Tonempfindungen liegt bei einer Frequenz von etwa 2700 Hz. Die zur Erzeugung eines hörbaren Tones erforderlichen Luftdruckschwankungen sind außerordentlich gering; im höchsten Empfindlichkeitsbereich unseres Ohres genügen Druckschwankungen in der Größenordnung von $1 \cdot 10^{-11}$ Atmosphären. Ein solcher Druckunterschied tritt unter irdischen Bedingungen bereits auf, wenn man in Meereshöhe einen Höhenunterschied von $8 \cdot 10^{-6}$ cm überwindet. Dies läßt sich aus der obigen Angabe mit Hilfe der barometrischen Höhenformel folgern.

Nach der Formel $c = \lambda \cdot f$ kann man auch berechnen, daß die Längen der unserem Gehör zugänglichen Wellen im Bereich von 1,7 bis 2100 cm liegen; hingegen beschränkt sich die Musik auf Wellenlängen zwischen 8,5 und 1100 cm. Für den Instrumentenbau, vor allem bei Blasinstrumenten, sind die Wellenlängen wichtige physikalische Größen.

Ein Schwingungsvorgang muß aber nicht unbedingt auf einer fortschreitenden Bewegung von Wellen beruhen. Unter gewissen Voraussetzungen bilden sich auch an einer begrenzten Wasseroberfläche, an einem Seil oder in einem Rohr stehende Wellen aus. Schwingt ein Seil in dieser Weise, so gibt es Punkte des Seiles, die in Ruhelage verbleiben. Diese Stellen nennt man Knoten der Schwingung, die sich bewegenden Abschnitte heißen Schwingungsbäuche. Der Abstand zweier benachbarter Knoten entspricht einer halben Wellenlänge.

Luftsäulen, die sich in einem abgeschlossenen Rohr befinden, kann man gleichfalls zu einer stehenden Schwingung anregen. Experimentell läßt sich dies nach einer von *August Kundt* (1839–1894) angegebenen Versuchsanordnung demonstrieren. Ein horizontal auf einer Tischplatte befestigtes Glasrohr von etwa 3 cm Durchmesser ist einseitig mit einem verschiebbaren Kolben verschlossen, im Rohrinneren befindet sich fein verteilt etwas Korkstaub. In das zunächst noch offene Ende des Glasrohres ragt ein in seiner Mitte eingespannter Glasstab hinein, auf dessen Ende eine dünne Korkscheibe von knapp 3 cm Durchmesser aufgekittet ist (Abb. 6). Nun kann in dem eingespannten Glasstab eine stehende Welle dadurch erzeugt werden, daß man einen mit Magnesia eingeriebenen Lappen längs der freien Hälfte des Stabes abzieht. Unter günstigen Reibungsbedingungen entsteht im Glasstab eine Longitudinalwelle, deren Knoten an der eingespannten Stelle liegt und deren Bäuche sich an den Enden des Glasstabes befinden. Mittels der angekitteten Korkscheibe *A* überträgt sich diese Schwingung auf die im Glasrohr eingeschlossene Luftsäule. Dabei ordnen sich

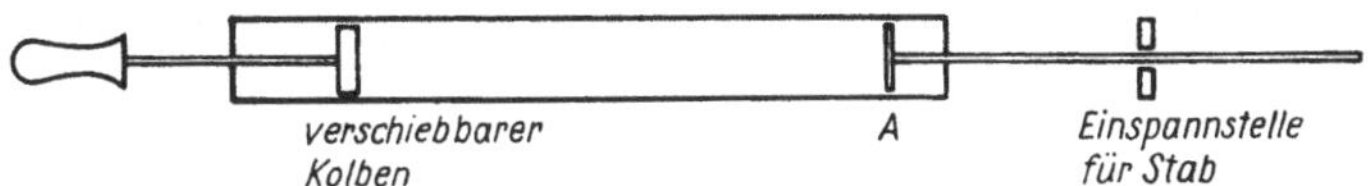

Abb. 6. Versuchsanordnung mit Kundtschem Rohr

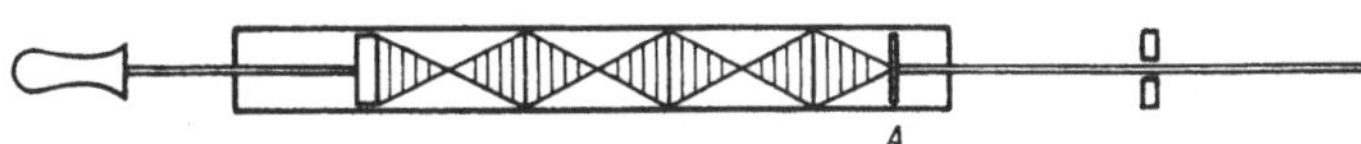

Abb. 7. Staubfiguren im Kundtschen Rohr

die Korkteilchen so, daß es zu einer Häufchenbildung in den Wellenknoten kommt, während die Wellenbäuche frei von Korkstaub sind. Gut ist diese Erscheinung beobachtbar, wenn die Innenseite des verschiebbaren Kolbens in einem Wellenknoten der schwingenden Luftsäule liegt, deren Mitschwingen dann als Ton vernehmbar wird. Wie weiterhin an den Korkspuren zu erkennen ist, liegt die angekittete Korkscheibe in einem Wellenbauch (Abb. 7). Nach Vorliegen des experimentellen Befundes kann man den Abstand zweier benachbarter Korkspuren messen. Die gefundene Länge entspricht der halben Wellenlänge. Mit Hilfe der bekannten Fortpflanzungsgeschwindigkeit des Schalls in der Luft kann nach der Formel $c = \lambda \cdot f$ auch die Frequenz des auf diese Weise erzeugten Tones berechnet werden.

3. Tonerzeugung in der belebten Natur

Auch in der Natur, abseits des Großstadtlärms, dringen unaufhörlich Töne und Geräusche an unser Ohr. Eine uns belästigende Stechmücke erzeugt durch ihren Flügelschlag einen bestimmten Ton, und aus der Tonhöhe kann auf die Anzahl der Flügelschläge pro Sekunde geschlossen werden. Der summende Ton der Bienen ist auf feinste Impulse der Luft zurückzuführen, die durch die Flügelbewegungen bewirkt werden. Größere Insekten wie Hummel oder Käfer verursachen durch ihre Flugbewegung tiefere Töne, manchmal schon nahe an der unteren Grenze des menschlichen Hörbereiches.

Für die Paarung im Tierreich und für den Nahrungserwerb spielen die Erzeugung und der Empfang von Tönen eine wichtige Rolle. Im Hochsommer kann man auf Wiesen das Zirpen von Heuschrecken vernehmen. Diese Töne erzeugt das männliche Tier durch Aneinanderreiben der kurzen Vorderflügel. Vom Hörorgan sind die Trommelfelle als kleine kreisförmige Membranen auf beiden Seiten des unteren Körperteiles sichtbar. Hinter diesen Membranen liegt das innere Ohr. Bei manchen Heuschreckenarten befindet sich der Gehörsinn auch in den Vorderbeinen. Die Werbung des Weibchens durch das männliche Tier erfolgt auf akustischem Wege. Zerstört man nämlich die Membranen des Weibchens, so findet dieses keinen männlichen Partner mehr für die Paarung.

Unüberhörbar sind vom Frühjahr bis zum Herbst die Stimmen der verschiedenen Vogelarten. Zweifellos verständigen sich die Vögel mittels der in ihrem Kehlkopf liegenden Tonerreger, den Stimmbändern, über für sie lebenswichtige Fragen. Interessant ist beispielsweise das Verhalten der Stare vor Antritt des herbstlichen Vogelzuges nach dem Süden. Oftmals versammeln sie sich in dieser Zeit zu Tausenden auf großen Bäumen, wo sie sehr geräuschvoll ihren „Rat“ über den Flug in wärmere Gegenden halten. Kehren die Stare im Frühling aus ihren Winterquartieren zurück, so liegt die Sorge für das Auffinden eines geeigneten Brutplatzes, z. B. eines Starkastens, beim männlichen Tier. Hat das Männchen einen solchen Platz in Beschlag genommen, dann sucht es einem Weibchen mit seinem schönen Gesang zu imponieren. Das schwarzblau glänzende Gefieder gehört dabei mit zur Brautwerbung, denn Auge und Ohr sind auch bei Vögeln die am besten ausgebildeten Sinnesorgane.

Geräuschvolle Methoden der Brautwerbung sind auch bei den Fröschen zu beobachten. Mittels einer Froschblase erzeugen die Männchen zur Paarungszeit quakende Geräusche, und an größeren Teichen kann man an warmen Frühsommertagen ein Froschkonzert vernehmen.

Im Spätherbst beherrscht der röhrende Rothirsch in unseren Wäldern das akustische Geschehen. Hier dient das lautstarke Röhren der Herausforderung des Konkurrenten zum Kampf, wobei schon unterschwellig das Imponiergehabe vor den weiblichen Artgenossen mitschwingt.

Ein besonders interessanter Gebrauch akustischer Wellen in Verbindung mit dem Prinzip der Echo-Orientierung ist bei Fledermäusen vorzufinden. In unseren Breiten sind diese Tiere vor allem an warmen Sommerabenden zur Dämmerung und auch nach Einbruch der Dunkelheit beim Beutefang zu beobachten. Zum Erbeuten fliegender Insekten dient ihnen weder der Geruchs- noch der schwach ausgebildete Gesichtssinn. Sie erzeugen in ihrem Kehlkopf Ultraschallwellen, welche im Frequenzbereich von 30000 bis 120000 Schwingungen pro Sekunde liegen und von den im Raum befindlichen Objekten reflektiert werden. Die reflektierten Wellen registriert die Fledermaus mit ihren Ohren. Diese Sinneswahrnehmung ist zugleich mit dem Orten und Erkennen des Objektes verknüpft. Handelt es sich um ein echtes Hindernis, so weicht die Fledermaus diesem aus. Fliegende Insekten fängt und vertilgt sie jedoch während des Fluges. Als Folge dieser Echo-Peil-Orientierung ist bei der Fledermaus ein Zick-Zack-Flug zu beobachten, der einerseits auf das Ausweichen vor Hindernissen und andererseits auf den Fang und die Vertilgung fliegender Insekten zurückzuführen ist.

Der Mensch nimmt von den Fledermäusen mit seinem Gehör nur ein ratterndes Geräusch wahr, das von den Einsätzen der Ultraschallwellen herrührt. Diese konnten erst mit Hilfe moderner Untersuchungsmethoden nachgewiesen werden. Aufgrund früherer Experimente mit Fledermäusen, bei denen trotz Ausschaltung des Geruchs- und Gesichtssinnes die Orientierung und der Beutefang nicht behindert wurden, kam man zu dem Schluß, daß diese Tiere einen „sechsten Sinn“ haben müssen. Die Echo-

Orientierung mit Ultraschall gibt nun eine natürliche Klärung für jene experimentellen Befunde. Abschließend soll auch das menschliche Sprechorgan einer kurzen Betrachtung unterzogen werden. Der eigentlich stimmbildende Teil sind die im Kehlkopf befindlichen Stimmbänder mit der zwischen ihnen liegenden Stimmritze (Abb. 8). Die Lungen liefern den zum

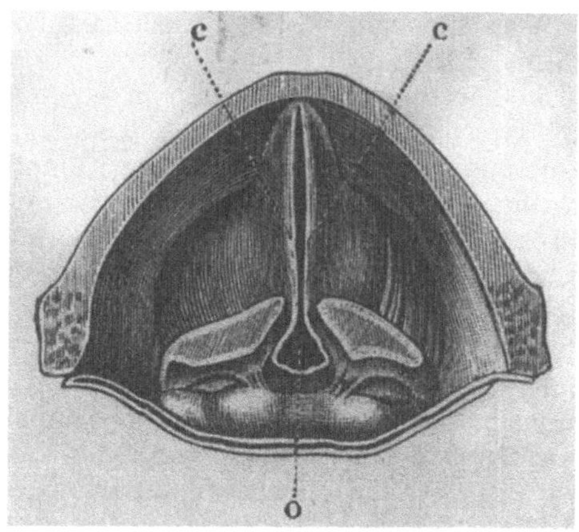

Abb. 8. Menschlicher Kehlkopf, Stimmbänder *c*, Luftröhre *o*

Ansprechen der Stimmbänder notwendigen Luftstrom. Beim Sprechen werden die Stimmbänder gespannt und einander genähert, so daß nur ein schmaler Zwischenraum, die Stimmritze, zwischen ihnen bleibt. Strömt die aus den Lungen gedrückte Luft durch die Stimmritze, so geraten die Stimmbänder in Schwingung, deren Frequenz durch unterschiedliches Anspannen variiert werden kann. Die so erzeugten Luftschwingungen sind im allgemeinen durch viele Frequenzen überlagert. Mundhöhle und Nasenhöhle wirken – wie etwa bei der Geige – als Resonanzräume. Da sich die Form der Mundhöhle durch Stellung von Zunge, Zähnen und Lippen in weiten Grenzen variieren läßt, können wir aus dem Tongemisch der Stimmbänder bestimmte Töne verstärken, dämpfen und klanglich beeinflussen. Beim Sprechen von Vokallauten treten vor allem die Stimmbänder in Funktion. Bei der Bildung von Konsonanten wirken das Gaumensegel, die Zungenspitze und die Lippen durch ihre Eigenschwingungen oder durch Aufstauen der ausströmenden Luft mit. Vergleicht man die menschliche Stimme mit einem Instrument, so kommt sie aufgrund der Funktion der Stimmbänder einer Zungenpfeife am nächsten.

4. Instrumentelle Tonerzeugung

Zum Wesen des Menschen gehört es, sich in allen Lebensbereichen die Natur und ihre Gesetze dienstbar zu machen. Die Musik bildet dabei keine Ausnahme. Vor allem Hölzer, Knochen, Hörner, Sehnen, Tierhäute oder Metalle sind Werkstoffe, aus denen sich der Mensch Instrumente für seine musikalische Betätigung fertigt. Hier ist nicht der Raum, um chronologisch nachzuvollziehen, wie er im Laufe seiner stammesgeschichtlichen Entwicklung zur Herstellung von Musikinstrumenten und zur Befriedigung musischer Bedürfnisse befähigt wurde. Wir wollen vom gegenwärtigen Stand ausgehen und Musikinstrumente nach der Art ihrer Tonerzeugung einteilen.
Besuchen wir ein Konzert, so fällt uns im Orchester die Fülle von Streichinstrumenten auf. Dazu gehören die Violinen, Bratschen, Violoncelli, Kontrabässe. All diesen Instrumenten ist gemeinsam, daß die Töne durch Überstreichen von gespannten Saiten mittels eines Bogens erzeugt werden. Die Saiten überspannen ein Griffbrett und einen mehrfach gebauchten Resonanzkörper. Dabei dient das Griffbrett als Gegenlager für die Finger der linken Hand, und durch festen Druck auf die Saiten wird die Länge des schwingenden Teils und damit die Tonhöhe variiert. Der gebauchte Resonanzkörper, auch Korpus genannt, nimmt die Schwingungen der angestrichenen Saite über den Steg, eine auf der Decke des Instrumentes befestigte Holzbrücke, auf. Er verstärkt den Ton und gibt ihm die für das Instrument charakteristische Klangfarbe.
Für den Tonaustritt aus dem Korpus sind in der Decke des Instrumentes zu beiden Seiten des Steges sogenannte F-Löcher angebracht. Seit dem 16. Jahrhundert hat sich an der äußeren Form der Streichinstrumente kaum etwas geändert; ihre Größe ist bedingt durch die vorgesehene Tonlage. Kontrabässe sind wesentlich größer als Violinen, denn zur Erzeugung tieferer Töne benötigt man längere Saiten und einen größeren Resonanzkörper als für hohe Töne (Abb. 9).
Ein andersartiges Streichinstrument ist die Drehleier (Abb. 10). Dieses Instrument führten im 16. und 17. Jahrhundert Spielleute mit sich, um auf Hochzeiten oder in Dorfschänken zum Tanz

aufzuspielen. Von Malern und Bildhauern sind uns volkstümliche Darstellungen solcher Musikanten überliefert, und in unseren Museen finden sich noch derartige Instrumente. Zur Tonerzeugung dreht die rechte Hand eine Kurbel, auf deren Achse ein hölzernes Reibrad fest aufsitzt. Dieses Rad reibt zwei Melodiesaiten, die über den Schallkörper gespannt sind. Statt

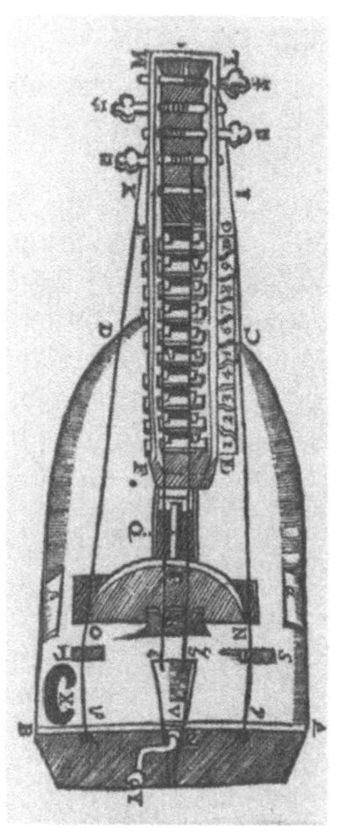

Abb. 9 (links). Kontrabaß aus dem Jahre 1662 (Musikinstrumentenmuseum der Karl-Marx-Universität Leipzig)

Abb. 10 (rechts). Drehleier nach Darstellung aus Marin Mersennes „Harmonie universelle"

durch unmittelbaren Fingerdruck werden die Saiten je nach gewünschtem Ton durch Tastendruck verkürzt. Daneben finden sich noch zwei oder vier Bordunsaiten, die stets vom Rad mitgestrichen werden. Das Instrument ist so groß, daß es beim Spiel vom Musikanten auf beide Knie gelegt wird.

Nach alten Berichten übte Bachs Ururgroßvater *Veit Bach*

(1559–1619) neben dem Bäckerhandwerk die Tätigkeit eines Spielmannes aus. So gehörte wohl auch die Drehleier zu jenen Instrumenten, mit denen er in Thüringer Dörfern zum Tanz aufspielte. *Franz Schubert* (1797–1828) bezieht sich im Schlußlied seiner „Winterreise“ mit dem „Leiermann“ eindeutig auf den Spieler einer Drehleier, jedoch keinesfalls auf den Spieler einer Drehorgel.

Auf eine ganz andere Art werden bei der Harfe die Saiten in Schwingung versetzt. Hier greift der Musiker mit beiden Händen unmittelbar in die Saiten. Daher nennt man die Harfe auch ein Zupfinstrument (Abb. 11). Die Saiten sind mit ihren unteren Enden am Resonanzkörper befestigt, der sich nach unten trichterförmig erweitert. Im Gegensatz zur Violine besitzt die Harfe kein Griffbrett und gestattet daher nicht, die Tonhöhe einer Saite durch Fingerdruck zu variieren. Die am Untersatz einer modernen Konzertharfe befindlichen 7 Pedale mit je zwei Rasten ermöglichen ein vollchromatisches Spiel. Mit halbem oder ganzem Pedaltritt kann man das Instrument jeder Tonlage anpassen. Die Harfe besitzt 45 bis 47 Saiten, deren längste 150 cm und deren kürzeste etwa 5 cm mißt. Jede Saite gibt bei fester Pedaleinstellung nur einen Ton, und die Tonskala des Instrumentes umfaßt $5^1/_2$ Oktaven. Beispielsweise findet man an bildlichen Darstellungen der alten Ägypter bestätigt, daß schon vor mehr als 3000 Jahren harfenähnliche Instrumente gebaut und gespielt wurden. Im 1. Jahrtausend gelangte das Instrument in Irland zu Volkstümlichkeit und Beliebtheit. Von dort aus verbreitete sich die Harfe über die Britischen Inseln weiter nach ganz Europa.

Bei Klavierkonzerten ist der Flügel das beherrschende Instrument, und der Pianist steht im Mittelpunkt des Interesses. Angeregt werden die im Instrument aufgespannten Saiten durch Anschlagen filzbelegter Hämmerchen. Jedes von ihnen ist mit einer bestimmten Taste der Klaviatur gekoppelt, und beim Drücken dieser Taste wird der Anschlag der Saite durch den zugeordneten Filzhammer ausgelöst. Die virtuosen Leistungen von Pianisten sind nur in Verbindung mit einer ausgefeilten Kinematik der Bewegungs- und Kraftübertragung von der Taste auf den federnden Hammer sowie durch einen Dämpfungsmechanismus erzielbar.

Vorläufer des Flügels ist das Cembalo (eigentlich Clavicembalo), bei dem die Saiten über eine Tastatur nicht von einem Hammer angeschlagen, sondern mittels eines Federkiels angerissen werden

Abb. 11. Harfe spielende Dame und Gitarre spielender Herr (Kupferstichkabinett Dresden)

(Abb. 12, 13). Die andersartige Tonauslösung gibt dem Instrument einen zarten metallischen Klang, und die Besonderheit der Klangfarbe verhelfen ihm auch heute vor allem durch Interpretation älterer Musik zu großer Beliebtheit.
Der Gedanke, die Saiten des Cembalo nicht mehr durch einen Dorn anreißen zu lassen, sondern diese mit einem Hammer an-

Abb. 12. Zweimanualiges Cembalo, Kielflügel mit 3 Registern und „Lautenzug", 1774 (Musikinstrumentenmuseum der Karl-Marx-Universität Leipzig)

zuschlagen, geht auf den italienischen Instrumentenbauer *Bartolommeo Cristofori* (1655–1731) zurück. Er nannte das von ihm geschaffene Instrument – in deutscher Übersetzung – schweres Cembalo für laut und leise. In der Tat konnte der Interpret nun die Lautstärke durch seinen Anschlag variieren. Auch der Komponist für Tasteninstrumente hatte neue Möglichkeiten,

Steigerungen vom Piano über ein Crescendo zum Forte und ein Decrescendo wieder zum Piano in seine Kompositionen einzuarbeiten. Der Hammerflügel wurde in der Folgezeit weiter verbessert und hielt wegen seiner großen Tonfülle Einzug in die Konzertsäle. Um 1820 entstand mit dem Klavier ein Hausinstrument, welches die akustischen und spieltechnischen Möglichkeiten des Flügels sowie den Vorteil des geringen Platzaufwandes gut in sich vereinigte.

Abb. 13. Kabinettschrank des Kurfürsten *Johann Georg I.* (1611 bis 1656) mit eingebautem Spinett, 1615 (Museum für Kunsthandwerk Dresden)

Als weitere volkstümliche Saiteninstrumente sind Gitarre und Laute zu nennen. Während die Laute einen bauchigen Schallkörper besitzt, hat er bei der Gitarre die Form einer 8. Beide Instrumente verfügen über ein Griffbrett mit metallenen Querleisten, den Bundstäbchen, die den Fingern eine höhere Treffsicherheit bei der Auswahl der Töne geben. Unsere heute gebräuchlichen Lauten und Gitarren haben sechs Saiten, die über Griffbrett und Schallkörper gespannt sind. Beide Zupfinstrumente haben ihren Ursprung in arabischen Ländern.

In gleicher Weise werden die Saiten der Zither zum Schwingen angeregt. Das Instrument besteht aus einem flachen Resonanzkörper und 5 Melodiesaiten mit einem durch 29 Bünde chro-

matisch eingeteilten Griffbrett. Weiterhin sind 24 bis 42 Begleitsaiten über den Korpus gespannt. Die Melodiesaiten werden mit einem auf den rechten Daumen gesteckten Metallring (Plektrum) angeschlagen. Eingebürgert hat sich dieses Instrument vor allem in Gebirgsgegenden, wo es u. a. zur musikalischen Unterhaltung bei Baudenabenden sehr beliebt ist.
Gleichrangig neben den Streichinstrumenten stehen in einem Orchester die Blasinstrumente. Im röhrenförmigen Hohlkörper der Holzblasinstrumente wird mittels der Lungenkraft eine stehende Luftschwingung erzeugt, die sich, verstärkt durch den Resonanzeffekt, auf die umgebende Luft überträgt und von uns als Ton wahrgenommen wird. Nach der Art der Schwingungserzeugung unterscheiden wir Lippenpfeifen und Zungenpfeifen. Eine Lippenpfeife, beispielsweise die Flöte, besteht aus dem Mundstück mit der sich anschließenden Luftkammer *K*. Der Luftaustritt erfolgt durch den Spalt *S*, dem eine Lippe *L* gegenübersteht. Daran schließt sich das Resonanzrohr an, in welchem sich die stehende Luftschwingung ausbildet (Abb. 14). Trifft aus

Abb. 14. Schnittdarstellung der Lippenpfeife mit Luftkammer *K*, Spalt *S* und Lippe *L*

dem Spalt *S* die Luft auf die Lippe *L*, dann kommt es zu einer periodischen Wirbelablösung an der Stelle *L* und zu periodischen Druckschwankungen, welche sich der im Resonanzrohr befindlichen Luftsäule mitteilen. Es bildet sich eine stehende Longitudinalwelle aus. Der Wellenknoten der Grundschwingung liegt in der Mitte des Rohres, an den Enden befinden sich die Wellenbäuche. Die Rohrlänge l entspricht daher der halben Länge der akustischen Welle. Wegen $c = \lambda \cdot f$ gilt bei vorgegebener Rohrlänge l für die Frequenz f_1 des mit der Lippenpfeife erzeugten Grundtones $f_1 = c/2l$. Bemerkenswert ist, daß sich die Periodenzahl der Wirbelablösung des auf die Lippe *L* auftreffenden Luftstrahles nach der durch die Rohrlänge l bestimmten Frequenz f einstellt. Es sei nochmals festgehalten, daß Schwingungsknoten die Stellen geringster Bewegung und größter Druckschwankung sind, Bäuche hingegen die Stellen größter Bewegung und geringster Druckschwankung.

In dem beiderseits offenen Rohr bilden sich auch Oberschwingungen aus, wobei an beiden Enden weiterhin Wellenbäuche liegen. Auf die Länge des Rohres verteilen sich dann im gleichen Abstand zwei, drei, vier und mehr Knoten. Ist λ_i die Wellenlänge des i-ten Obertones, so drückt sich diese in folgender Weise durch die Rohrlänge l aus:

$$\lambda_i = \frac{2}{i} l.$$

Ist f_i die Frequenz des i-ten Obertones, so steht diese mit der Rohrlänge l in folgendem formelmäßigem Zusammenhang:

$$f_i = \frac{c}{2l} i.$$

Tonfolgen, die für $i = 1, 2, 3, 4, \ldots$ entstehen, nennt man harmonische Tonfolgen, und ihre Frequenzen verhalten sich wie $1:2:3:4:5:6 \ldots$. Für $i = 1$ ergibt sich die Frequenz des Grundtones. Im Zusammenhang mit der Untersuchung der Klangfarben von Tönen sind harmonische Tonfolgen von Interesse.

Die Spielbarkeit eines Instrumentes erfordert aber, daß man auch die Tonhöhe variieren kann. Weil die Tonhöhe von der Länge des Resonanzrohres abhängt, wird eine Lippenpfeife durch Zuhalten und Öffnen von Grifflöchern in der Mantelfläche des Rohres zu einem spielbaren Instrument (Abb. 15). Die Abstände der Löcher müssen allerdings bestimmte Gesetzmäßigkeiten erfüllen, die durch den mathematischen Aufbau der Tonleiter bedingt sind. Einzelheiten darüber werden wir in den Abschnitten 7, 8 und 10 erfahren.

Bei einem einseitig geschlossenen Rohr (gedackte Pfeife) entsteht beim Anblasen an der Öffnung ein Wellenbauch, während sich am geschlossenen Ende ein Knoten ausbildet. Zwischen der Wellenlänge λ_1 des Grundtones und der Rohrlänge l besteht dann offenbar die Beziehung

$$4l = \lambda_1.$$

Für die Frequenz des Grundtones gilt somit

$$f_1 = \frac{c}{4l}.$$

Für die Obertöne bilden sich im Rohr 2, 3, 4 und mehr äquidistante Knoten aus. Damit hat der i-te Oberton die Wellenlänge

$$\lambda_i = \frac{4}{2i - 1} l$$

und die Frequenz $f_i = \frac{c}{4l}(2i - 1)$, $i = 2, 3, 4, 5 \ldots$.

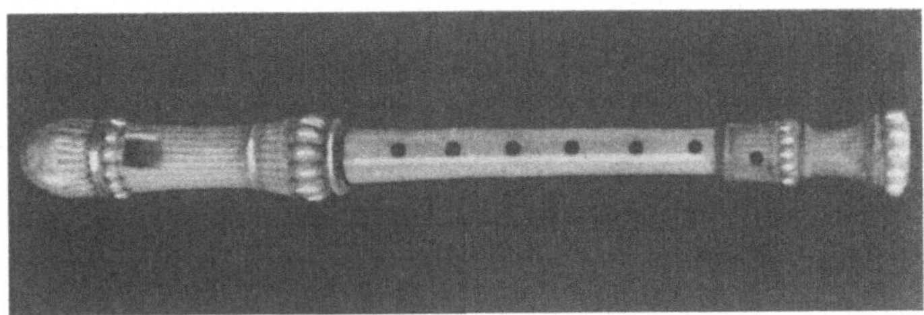

Abb. 15. Flöte mit Grifflöchern

Noch heute ist bei vielen Naturvölkern die Panflöte als Blasinstrument in Gebrauch. Diese besteht aus fünf oder mehr aneinandergereihten gedackten Pfeifen verschiedener Länge (Abb. 16), und die Tonerzeugung erfolgt durch Anblasen der offenen Seite des Rohres. Die Benennung des Instrumentes nach dem griechischen Hirtengott Pan bezeugt, daß vor allem Hirten damit musizierten. Bilder und Plastiken zu mythologischen Themen enthalten gelegentlich als schmückendes Beiwerk Darstellungen der Panflöte.

Aus dieser urwüchsigen Flötenform haben sich sehr verschiedenartige Formen von Lippenpfeifen entwickelt. Die Schnabelflöte fordert vom Spieler nicht mehr die Kunst, den Öffnungsrand des Rohres frei anzublasen. Der schnabelförmige Ansatz liegt bequem zwischen den Lippen, und sein Innenraum ist so gestaltet, daß der Luftstrom des Bläsers aus einem engen Schlitz gegen die scharfe Kante eines Aufschnittes trifft. Zu dieser Gattung von Instrumenten gehört auch unsere Blockflöte, die sich durch einen sanften Klang auszeichnet. Querflöte und Querpfeife sind weitere Arten von Lippenpfeifen.

Als Beispiel einer Zungenpfeife betrachten wir die Klarinette. Die aus der Lunge kommende Luft tritt zunächst in eine Luftkammer, aus der sie nur durch ein seitlich aufgeschlitztes Rohr entweichen kann (Abb. 17). Über diesem Schlitz befindet sich eine elastische Zunge, die in der Ruhestellung den Luftaustritt nicht behindert. Erreicht die Geschwindigkeit der ausströmenden Luft einen bestimmten Wert, dann legt sich die Zunge nach einem aerodynamischen Prinzip auf den Schlitz und unterbricht die Luftausströmung. Nach der Strömungsunterbrechung hebt sich die Zunge durch Federkraft wieder und gibt die Ausströmöffnung frei. Auf diese Weise kommt es zu einem periodischen Wechsel von Luftverdichtung und Luftverdünnung im sich anschließenden Resonanzrohr, den wir als Ton empfinden. Die Luft tritt dann bei den meisten Instrumenten in ein längeres, sich konisch erweiterndes Rohr. Kommt es dort zur Ausbildung einer stehenden Schwingung, erzielt man mit diesem Instrument einen Ton von charakteristischer Lautstärke und Klangfarbe. Da die elastische Zunge eine eigene Frequenz besitzt, paßt sie sich weit weniger der Eigenfrequenz der Luftsäulen im Resonanzrohr an als dies bei einer Lippenpfeife der Fall ist. Die Zunge läßt sich auf das Rohr abstimmen, indem man durch mechanischen Druck einer Feder auf die Zunge deren mitschwingenden Anteil variiert.

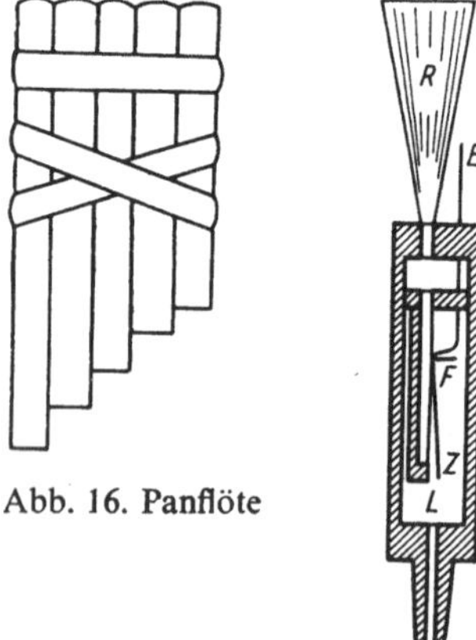

Abb. 16. Panflöte

Abb. 17. Schnittdarstellung der Zungenpfeife mit Luftkammer *L*, Zunge *Z*, Druckfeder *F* zur Regulierung der Schwingungszahl, Einstellstift *E* und Resonanzrohr *R*

Während bei der Klarinette eine Aufschlagzunge für die periodische Unterbrechung des Luftstroms sorgt, erzeugt bei Oboe und Fagott ein Doppelrohrblatt die periodischen Luftstöße. Das aus zwei genau aufeinandergepaßten Lamellen bestehende Doppelrohrblatt wirkt als Gegenschlagzunge.

Schließlich gibt es noch eine dritte Möglichkeit, durch mechanische Bewegung einer Zunge den Luftstrom periodisch zu unterbrechen. Dies geschieht mit einer frei schwingenden Durchschlagzunge. Eine solche Vorrichtung findet beim Harmonium und bei Harmonikas der verschiedensten Bauarten Verwendung. Jedem Ton ist eine bestimmte Zunge zugeordnet, die in ihrer Ruhestellung genau in die Öffnung eines Rahmens paßt. Die vom Gebläse (Blasebalg oder menschliche Lunge) in eine Kanzelle einströmende Luft sucht sich durch den Zungenrahmen ihren Weg ins Freie. Die den Rahmen abdichtende Zunge gerät, dem inneren Luftdruck nachgebend, in Schwingung. Die durch Länge, Dicke und Elastizität der Zunge bestimmte Eigenfrequenz teilt sich der periodisch ausströmenden Luft mit und erhält die Qualität eines Tones.

Unüberhörbarer Bestandteil jedes Orchesters sind Blechblasinstrumente wie Posaunen, Hörner, Trompeten und Tuben. Bei diesen wird die im Rohr befindliche Luftsäule dadurch zum Schwingen angeregt, daß die Lippen des Bläsers elastisch gespannt sind und so die Atemluft nur in periodischen Stößen austreten kann. Der Ton wird also durch zwei Faktoren wesentlich bestimmt, durch die Lippenspannung und durch die Länge der Luftsäule. Es gilt die Faustregel: Je länger die wirksame Röhre, desto tiefer liegt der Grundton. Dieser kommt dadurch zustande, daß in der Röhre nur ein Schwingungsknoten der stehenden Welle entsteht. Durch stärkere Anspannung der Lippen kann die Frequenz der Verdichtungsstöße so erhöht werden, daß zwei, drei, vier oder mehr Knoten in der Röhre

Abb. 18. Jagdhorn *Karls des Großen* (742–814) aus dem 9. Jahrhundert (Domschatz zu Aachen)

erzeugt werden. Auf diese Weise ergeben sich der Reihe nach durch Variation der Lippenspannung die Naturtöne, deren Frequenzen sich wie 1 : 2 : 3 : 4 : ... verhalten. Instrumente, auf die der Grundton, bei dem sich nur ein Knoten ausbildet, nicht anspricht, werden Halbinstrumente genannt. Dazu gehört beispielsweise die Trompete.
Ganzinstrumente gestatten es, auch den Grundton mit einem Knoten zu blasen. Naturhörner wurden aus den Hörnern des Stieres, des Büffels, ja sogar aus den Stoßzähnen des Elefanten gefertigt. Daher ist es nicht verwunderlich, daß solche Hörner im Jagdwesen Verwendung fanden. Die Abbildung 18 zeigt ein Jagdhorn aus dem 9. Jahrhundert.
Die aus Messing hergestellten, mehrfach gewundenen Hörner wurden bereits um 1500 von *Franz von Thurn und Taxis* (1460 bis 1517) im Postwesen als Signalinstrumente für die ankommende und abgehende Post eingeführt. Noch heute ziert das alte Posthorn symbolisch jeden Briefkasten unserer Post. In späteren Varianten wurden aus Messing gefertigte Hörner mit Grifflöchern oder Luftventilen versehen, wodurch sich der Bläser nicht mehr auf die harmonischen Obertöne des Grundtones beschränken mußte.
Eine andere Lösung zur Herstellung der chromatischen Spielbarkeit fand man mit der Zugposaune. Dieses Blechblasinstrument hat keine Ventile, sondern sein Blasrohr besteht aus zwei Teilen, die ineinandergeschoben sind. Der Bläser kann den unteren Teil des Instrumentes, den Zug, ein- und ausziehen und so mit der Rohrlänge auch die Tonhöhe verändern. Am häufigsten sind die Tenorposaune und die kombinierte Tenorbaßposaune. Seit ihrer Erfindung im 15. Jahrhundert hat sich am technischen Aufbau der Posaune nichts Prinzipielles geändert.
Vielfältigste akustische Effekte werden bei der Orgel durch die vereinigte Wirkung von Zungen- und Lippenpfeifen erreicht (Abb. 19). Die Pfeifen werden von einem Windwerk zum Schwingen angeregt, und das Anblasen der Pfeifen erfolgt über Tasten, die zu einer Klaviatur vereinigt sind. Durch Ziehen verschiedenartiger Register können den Tönen allerlei Klangfarben gegeben werden. Am Spielpult befinden sich 1 bis 5 Manuale, Pedale und das Registerwerk. Eine Orgel kann bis zu 6000 Pfeifen und Zungenstimmen in sich vereinigen, wobei die Länge der blockflötenähnlichen Pfeifen zwischen 1 cm und 10 m variiert. Jede Pfeife ist auf einen bestimmten Ton zugeschnitten, und auch die Klangfarbe ist für jede Pfeife vorprogrammiert. Pfeifen

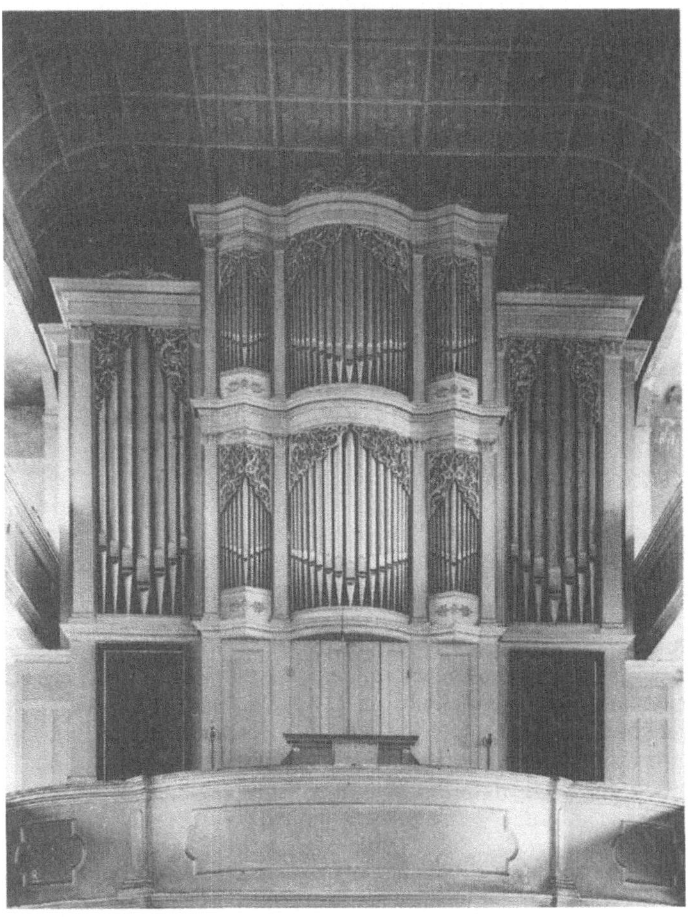

Abb. 19. Orgelprospekt der Stadtkirche St. Johannis in Allstedt (um 1775)

mit sehr kleinem Durchmesser bezüglich ihrer Länge bieten eine Fülle von Obertönen. Die Streichregister der Orgel, das Geigen-, Viola-da-Gamba-, Violoncell- und Baßprinzipal, für welche ein Reichtum von Obertönen gefordert wird, bestehen daher aus engen Pfeifen. Hingegen haben die Pfeifen der Labialregister (Prinzipalstimmen), welche relativ frei von Obertönen sein sollen, einen großen Durchmesser bezüglich ihrer Länge.

Bereits im alten Byzanz diente die Orgel als weltliches Prunkinstrument. Durch Schenkungen kamen einzelne Exemplare nach Frankreich und Deutschland, wo sie etwa seit dem 14. Jahrhundert durch heimische Instrumentenbauer weiterentwickelt wurde. Einen Höhepunkt erreichte die Orgelbaukunst in Deutschland zur Zeit des Barock mit *Arp Schnitger* (1648–1720) im Norden und *Gottfried Silbermann* (1683–1753) im mitteldeutschen Raum. Mit *Johann Sebastian Bach* (1685–1750) fand sich ein Virtuos und Komponist, der die Orgel mit ihren vielfältigen akustischen Möglichkeiten voll auszuschöpfen verstand und auf spätere Generationen von Organisten und Komponisten anregend wirkte.

Die Orgel kann man den Balginstrumenten zuordnen, bei denen der Luftvorrat zum Anblasen der Pfeifen nicht unserer Lunge, sondern einem gegerbten Tierbalg entnommen wird. Muskelkraft oder mechanische Kräfte pressen die Luft zur Tonerzeugung aus dem Balg heraus, was am deutlichsten bei Dudelsackpfeifen zu erkennen ist. Bei Handharmonikas (Akkordeon, Bandonion) ist der Balg aus künstlichem Werkstoff gefertigt. Hier fällt der Muskelkraft der Arme die Aufgabe zu, die Zungenpfeifen des Instrumentes stets mit einem hinreichend starken Luftstrom zu versorgen.

Außerdem könnte man noch eine große Anzahl von Schlaginstrumenten anführen, die in der Orchesterpraxis zum Einsatz gelangen. Aus unserer Sicht ist hier das Xylophon (Abb. 20) von Interesse, bei dem die Höhe des Tones entscheidend durch die Länge des angeschlagenen Holzstabes bestimmt wird.

Durch Anschlagen mittels löffelähnlicher Holzschlegel werden die Stäbe in eine Transversalschwingung versetzt. In der Mitte des Stabes liegt der Schwingungsbauch, an den Auflagestellen sind die Knoten.

Auch an Metallplatten, die zu akustischen Schwingungen angeregt werden, lassen sich experimentelle und theoretische Untersuchungen über den Verlauf der Schwingungsknoten anstellen. Streicht man eine in ihrem Mittelpunkt fest eingespannte quadratische Metallplatte mit einem Geigenbogen an, so wird sie zu einer Schwingung angeregt, die mit der Erzeugung eines Tones verknüpft ist. Bestreut man diese Metallplatte mit Korkmehl und wiederholt den Versuch, dann formiert sich das Korkmehl auf der Platte zu bestimmten Linien, welche die schwingungsfreien Punkte der Platte, d. h. die Knoten, miteinander verbinden. Die auf solche Weise erzeugbaren Linien

Abb. 20. Xylophon (Bernd Warkus, Dresden)

nennen wir nach ihrem Entdecker Chladnische Klangfiguren[1]) (Abb. 21).

Abschließend soll noch eine Einteilung der Musikinstrumente nach einem anderen Gesichtspunkt, nämlich nach der Art des

---

[1]) *Ernst Chladni* (1756–1827).

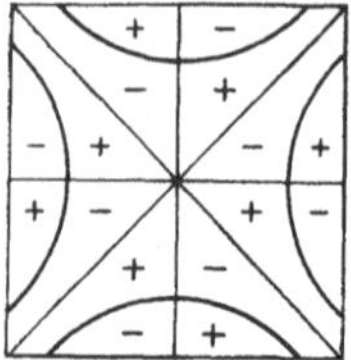

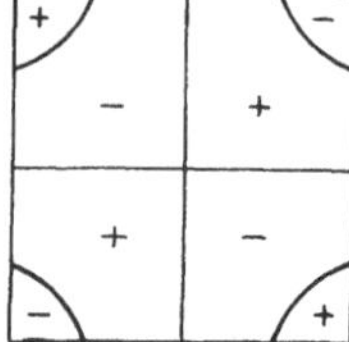

Abb. 21. Chladnische Klangfiguren an quadratischer Metallplatte

Tonerregers, erfolgen. Man unterscheidet nach den aus der griechischen Sprache entlehnten Wortbildungen:

1. Idiophone (Selbstklinger), bei denen das elastische Material des Instrumentes durch Anschlagen bzw. Reiben selbst zum Schwingen kommt: Gong, Glocke, Xylophon, Becken, Glasharmonika.

Abb. 22. Sopransaxophon und Altsaxophon (Bernd Aust, „electra" Dresden)

2. Membraphone (Fellklinger), deren Tonerreger straff gespannte Membranen sind, die durch Anschlagen oder Reiben in Schwingung geraten: Trommel, Pauke.

3. Chordophone (Saitenklinger), bei denen eine oder mehrere straff gespannte Saiten durch Schlagen, Zupfen, Anreißen oder Streichen in Primärschwingung versetzt werden: Violine, Gitarre, besaitete Tasteninstrumente.
4. Aerophone (Luftklinger), bei denen die Luft durch einen periodisch unterbrochenen Luftstrom primär in Schwingung gerät: Trompete, Flöte, Saxophon, Harmonika, Rohrblattinstrumente (Abb. 22).
5. Elektrophone, bei denen elektrische Schwingungen durch Lautsprecher in Luftschwingungen umgewandelt und ausgestrahlt werden. Die verwendete Elektroenergie ermöglicht die Erzeugung vielfältiger Lautverstärkung und Klangfarbengestaltung. Mit der Elektronenorgel lassen sich die Klangeffekte eines großen Orchesters nachahmen (Abb. 23).

Abb. 23. ARP-Synthesizer, Melodron und Hammondorgel; Glockenspiel (Rainer Uebel, Bernd Aust, „electra“, Dresden)

5. Freie Schwingung einer Punktmasse – Energiebetrachtung

Bei der Violine, dem Klavier, dem Vibraphon und verschiedenen anderen Instrumenten wird zunächst eine mechanische Schwingung erzeugt, die sich unter Zwischenschaltung eines Resonanzkörpers der Luft mitteilt. Wir wollen hier den grundlegenden Fall der ungedämpften mechanischen Schwingung einer Punktmasse untersuchen. Dazu stellen wir uns eine Bleikugel vor, die an einer Spiralfeder hängt. In der Ruhelage halten sich die nach oben gerichtete Federkraft und die infolge der Schwerkraft nach unten ziehende Bleikugel das Gleichgewicht. Ein an der Kugel waagerecht angebrachter Zeiger weist auf die Marke Null der lotrecht angebrachten kartesischen Skala. Bringt man die Bleikugel aus ihrer Ruhelage, indem man sie durch Spannen der Feder ein Stück nach unten zieht, so spürt man eine rücktreibende Kraft, die den Körper wieder nach oben zu ziehen sucht. Läßt man die Kugel los, so schnellt sie über die Ruhestellung hinaus nach oben. Nun macht sich ein Federdruck bemerkbar, der die Kugel wieder nach unten schwingen läßt, und dieser Vorgang wiederholt sich, bis Reibungskräfte die investierte Energie aufgezehrt haben.
Zur theoretischen Bewältigung der zunächst als ungedämpft angesehenen Schwingung ist vom zweiten Newtonschen Grundgesetz[1]) auszugehen. Es lautet: Die Kraft F ist gleich dem Produkt aus Masse m und Beschleunigung a, d. h. $F = ma$.
Auf m wirkt die Kraft der gespannten Feder, die die Bleikugel wieder in ihre Ruhelage zurückzubringen sucht, und nach dem Hookeschen Gesetz[2]) ist die Federdehnung proportional der diese Dehnung bewirkenden Kraft. Wird die Auslenkung der Kugel aus der Ruhelage gleich y und die Zeit gleich t gesetzt, so gilt nach den Regeln der Differentialrechnung für die Geschwindigkeit v der Kugel: $v = \mathrm{d}y/\mathrm{d}t$ und für die Beschleunigung a der Kugel: $a = \mathrm{d}v/\mathrm{d}t = \mathrm{d}^2y/\mathrm{d}t^2$. Man setzt weiterhin: $v = \dot{y}$ und $a = \ddot{y}$ [3]) (Abb. 24).

---

[1]) Benannt nach *Isaac Newton* (1643–1727).
[2]) Benannt nach *Robert Hooke* (1635–1703).
[3]) $\dot{y}$ ist eine gebräuchliche Abkürzung für $\mathrm{d}y/\mathrm{d}t$; $\ddot{y}$ ist die Abkürzung für $\mathrm{d}^2y/\mathrm{d}t^2$.

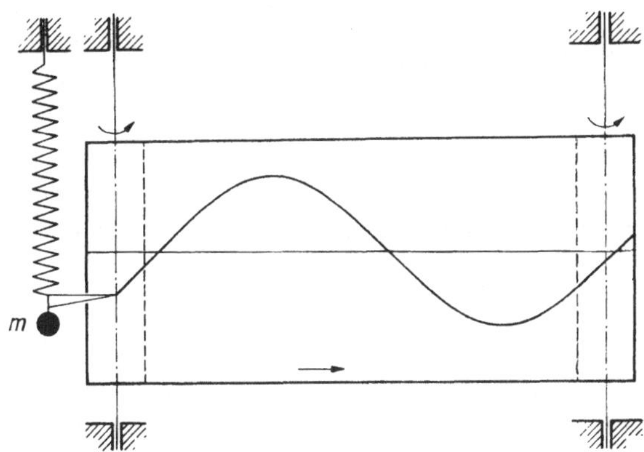

Abb. 24. Umsetzung einer ungedämpften harmonischen Schwingung eines Federpendels in eine Sinuskurve

Mit m als Masse der Bleikugel und k als Federkonstante resultiert für die beiden Kräfte, die an der sich bewegenden Kugel angreifen:

1. Federkraft $F_1 = -ky$,
2. nach dynamischem Grundgesetz angreifende Kraft $F_2 = m\ddot{y}$.

Beide Kräfte sind während des Bewegungsablaufes einander gleich.

Daher gilt $m\ddot{y} = -ky$ oder $m\ddot{y} + ky = 0$. (1a)

Dies ist die Differentialgleichung für die harmonische Schwingung einer Punktmasse; die rücktreibende Kraft ist proportional der Auslenkung aus der Ruhelage. Wegen $k > 0$ und $m > 0$ kann gesetzt werden

$$k/m = \omega^2. \quad (1b)$$

Damit lautet die Differentialgleichung

$$\ddot{y} + \omega^2 y = 0. \quad (1c)$$

Die allgemeine Lösung dieser Differentialgleichung lautet

$$y(t) = A \cos \omega t + B \sin \omega t. \quad (2)$$

Von der Richtigkeit dieser Lösung kann man sich durch Einsetzen von (2) und deren zweiter Ableitung in (1c) leicht überzeugen. A und B sind in der Lösung noch frei wählbare Konstante. Stellt man etwa die Anfangsbedingungen $y(0) = 0$ und $\dot{y}(0) = \omega$, so folgt durch Einsetzen von (2) in (1 c) für die Konstanten $A = 0$ und $B = 1$. Damit lautet diese spezielle Lösung

$$y(t) = \sin \omega t.$$

Die von uns hier eingeführte Zahl ω nennt man Kreisfrequenz der Schwingung, und die Zeit für einen Hin- und Hergang des Pendels heißt Schwingungsdauer T. Offenbar gilt

$$\omega T = 2\pi.$$

Daraus folgt für die Schwingungsdauer $T = 2\pi/\omega$.
Verwenden wir die ursprünglichen Parameter, die Pendelmasse m und die Federkonstante k, so ergibt sich:

$$T = 2\pi \sqrt{\frac{m}{k}}. \tag{3}$$

Die Schwingungsdauer T ist somit allein durch die Pendelmasse m und die Federkonstante k ausgedrückt. Für die spezielle Lösung der Schwingungsgleichung ist auch folgende Darstellung möglich:

$$y(t) = \sin \sqrt{\frac{k}{m}}\, t.$$

Unter realen Bedingungen wird die Schwingung durch Reibungskräfte gedämpft. Berücksichtigt man diese Dämpfungskräfte, lautet die spezielle Lösung

$$y(t) = e^{-\gamma t} \sin \sqrt{\frac{k}{m}}\, t. \tag{4}$$

In (4) ist e die Eulersche Zahl[1]), welche auch als Basis der natürlichen Logarithmen eine Rolle spielt. γ ist die Dämpfungskonstante, und es gilt $\gamma > 0$.
In einem Gedankenexperiment versehen wir für den Fall der ungedämpften Schwingung die Bleikugel mit einem Schreibstift. Ferner ist eine sich gleichförmig drehende Walze so angeordnet, daß ihre Drehachse parallel zur Schwingungsbahn liegt und die Schreibfeder auf der Mantelfläche gleitet. Mittels der rotierenden Walze wird die hin- und hergehende Bewegung in eine zweidimensionale Kurve umgesetzt, die nach Ausführung des Experi-

---

[1]) Benannt nach *Leonhard Euler* (1707–1783).

mentes bezüglich eines kartesischen Koordinatensystems aufgezeichnet vorliegt. Die waagerechte Achse (Abszissenachse) ist die Zeitachse, und die senkrechte Achse (Ordinatenachse) ist die Wegachse, welche die Auslenkung des Körpers aus der Ruhelage beschreibt.

Eine Schwingung, bei der die auf den Pendelkörper wirkende rücktreibende Kraft proportional der Auslenkung aus der Ruhelage ist, nennt man eine harmonische Schwingung. Beispielsweise führen die Luftteilchen einer Zungenpfeife im Rohr eine solche harmonische Schwingung aus. Auch die Teile der Saite einer Violine oder die Teile des Stabes eines Xylophons schwingen in dieser Weise. Hingegen führt ein Fadenpendel keine harmonische Schwingung aus, denn die rücktreibende Kraft ist hier nicht streng proportional der Auslenkung des Pendelkörpers aus der Ruhelage. Für kleine Ausschläge im Vergleich zur Pendellänge liefert das mathematische Pendel jedoch eine gute Annäherung an die harmonische Schwingung.

Von Interesse ist weiterhin die Frage nach der Beziehung zwischen der Amplitude und der Schwingungsenergie eines Pendels. Es gilt der Satz: Das Quadrat der Amplitude eines harmonischen Pendels ist proportional zu der von dem Pendel aufgenommenen Energie.

Der Beweis ist sehr einfach zu führen. Um die Masse des Federschwingers von der Ruhelage ($y = 0$) in die Stellung $y = s$ zu bringen, ist nach dem Hookeschen Gesetz folgende Energie aufzuwenden:

$$W = \int_{y=0}^{s} ky \, \mathrm{d}y = \frac{k}{2} s^2. \tag{5}$$

Wir führen nun mit dem Federschwinger nacheinander zwei Versuche aus. Im ersten Versuch bringen wir den Pendelkörper mittels der Energie W_1 nach s_1 und im zweiten Versuch mit der Energie W_2 nach s_2. Aus der oben abgeleiteten Formel (5) für die Energie W folgt dann durch Einsetzen die zu beweisende Proportion

$$W_1 : W_2 = s_1^2 : s_2^2. \tag{6}$$

6. Harmonische Analyse – Ohmsches Gesetz

Mit den Mitteln der modernen Elektronik ist es möglich, beispielsweise die beim Anblasen einer Zungenpfeife verursachten Druckschwankungen optisch sichtbar zu machen. Spielt man auf dem Instrument einen bestimmten Ton, so erwartet man zunächst eine reine Sinusschwingung, deren Frequenz der vorgegebenen Tonhöhe entspricht. Diese Erwartung wird jedoch enttäuscht, da außer dem Grundton stets eine Reihe von Obertönen mit erzeugt wird. Dies liegt in der Natur des Instrumentes und gibt ihm seine eigentümliche Klangfarbe.
Bei der Besprechung der Lippenpfeife wurde bereits herausgestellt, daß neben dem Grundton mit der Frequenz f stets weitere Obertöne mit den Frequenzen $2f$, $3f$, $4f$, ... vorhanden sind. Es darf nicht zu begrifflichen Verwechslungen führen, wenn diese Töne in der Musiktheorie als harmonische Obertöne bezeichnet werden. Man spricht von der Überlagerung (Superposition) einer Reihe von harmonischen Schwingungen. Der Grundton ist entscheidend für die Tonhöhe. Die Anteile der Oberschwingungen beeinflussen die Klangfarbe.
An einem Beispiel soll die Überlagerung eines Grundtones durch mehrere harmonische Obertöne graphisch veranschaulicht werden. Gegeben seien

$$\begin{aligned} y_1(t) &= \sin \omega t, \\ y_2(t) &= \tfrac{1}{2} \sin 2\omega t, \\ y_3(t) &= \tfrac{1}{3} \sin 3\omega t, \\ y_4(t) &= \tfrac{1}{4} \sin 4\omega t. \end{aligned} \tag{7}$$

Folgende Superpositionen (Abb. 25) werden betrachtet:

$$\begin{aligned} y_{12}(t) &= y_1(t) + y_2(t), \\ y_{13}(t) &= y_1(t) + y_2(t) + y_3(t), \\ y_{14}(t) &= y_1(t) + y_2(t) + y_3(t) + y_4(t). \end{aligned} \tag{8}$$

Zu einem besonderen Effekt kommt es, wenn man zwei harmonische Schwingungen von etwa gleicher Amplitude (größte Auslenkung aus der Ruhelage) überlagert, deren Frequenzen

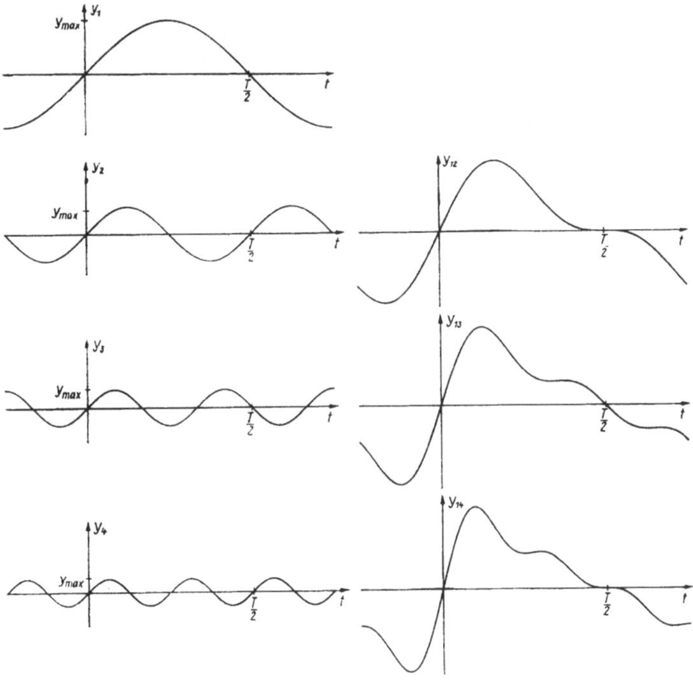

Abb. 25. Superposition einer Folge harmonischer Schwingungen

dicht beieinander liegen. Dann wechseln Auslöschung der Amplituden (Interferenz) mit Addition der Amplituden. Unser Ohr registriert diesen Wechsel von Auslöschung und Addition als Schwebung. Aus ästhetischer Sicht bezeichnet man einen solchen Zweiklang als Dissonanz. Folgen die Schwebungen rasch aufeinander, so daß das Ohr diese nicht mehr getrennt wahrnehmen kann, dann empfindet man bei lauten Tönen ein fast schmerzhaftes Unbehagen. Ist die Frequenz des einen Tones f_1, die des zweiten Tones f_2 und gilt $f_1 > f_2$, so ergeben sich $f_1 - f_2$ Schwebungen pro Sekunde (Abb. 26). Durch Überlagerung ergeben sich zusätzliche Töne, sogenannte Kombinationstöne, wobei der Differenzton mit der Frequenz $f = f_1 - f_2$ für $f > 16$ em deutlichsten wahrnehmbar ist. Man nennt diesen dritten Ton (terzo suono) nach seinem Entdecker *Giuseppe Tartini* (1692–1770) Tartinischen Ton. Das Auftreten von Schwebungen bestätigt dem Musiker, daß zwei Töne zwar annähernd gleich aber nicht genau gleich sind. Beim Abstimmen der Instrumente aufeinander wird im Orchester von diesem Sachverhalt Gebrauch gemacht.

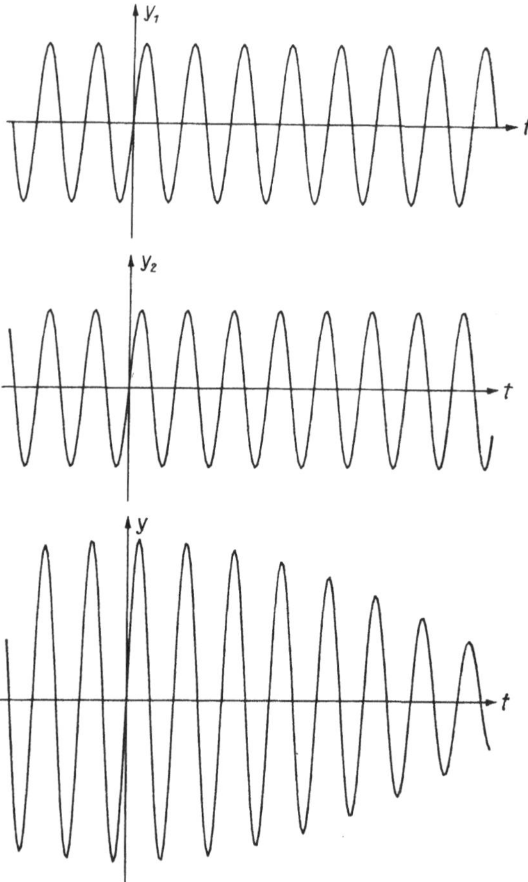

Abb. 26.1: Erzeugung von Schwebungen und Tartinischen Tönen durch Superposition dicht benachbart liegender Töne; Verhältnis der Schwingungszahlen: 8 : 9

Eine umgekehrte Problemstellung besteht darin, daß ein empirisch aufgenommener periodischer Vorgang vorliegt und

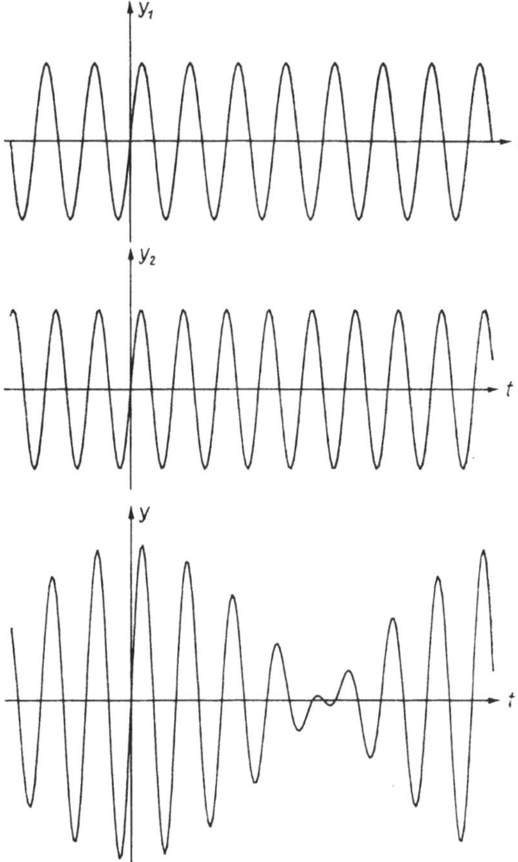

Abb. 26.2. Verhältnis der Schwingungszahlen: 243 : 256

festzustellen ist, wie dieser Vorgang durch Überlagerung von harmonischen Schwingungen verschiedener Frequenzen reproduziert werden kann. Das hier zum Ziel führende analytische Verfahren nennt man harmonische Analyse eines periodischen Vorganges. An einem besonders einfachen Beispiel soll die harmonische Analyse vorgeführt werden, ohne dabei die allgemeine Theorie zu entwickeln. Gegeben sei ein periodischer Vorgang durch

$$y(t) = \begin{cases} 4y_{\max}\dfrac{t}{T} \text{ für } -\dfrac{T}{4} < t < \dfrac{T}{4}, \\ 2y_{\max}\left(1 - \dfrac{2t}{T}\right) \text{ für } \dfrac{T}{4} < t < \dfrac{3}{4}T, \end{cases} \quad \text{mit } y(t) = y(t+T). \tag{9}$$

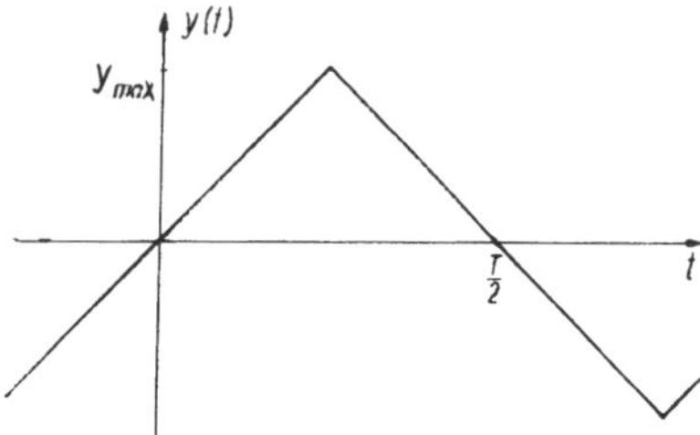

Abb. 27. Sägezahnkurve

Aus der Darstellung (9) erkennt man, daß $y(t)$ die Schwingungsdauer T besitzt. Für einen Approximationsansatz von $y(t)$ wird man daher sinnvollerweise nur solche harmonischen Schwingungen heranziehen, die bei den Knoten von $y(t)$ ebenfalls Knoten besitzen. Ferner ist $y(t)$ eine ungerade Funktion, d. h., es gilt $y(t) = -y(-t)$. Man wird deshalb nur Sinusfunktionen im Ansatz verwenden, die bei den Knoten von $y(t)$ ebenfalls verschwinden. Dies leisten die Funktionen $y_1(t) = \sin \omega t$, $y_2(t) = \sin 2\omega t$, $y_3(t) = \sin 3\omega t$, $y_4(t) = \sin 4\omega t$ ... mit $\omega = \dfrac{2\pi}{T}$.

Der Approximationsansatz für $y(t)$ lautet nach dem Superpositionsprinzip

$$\bar{y}(t) = a_1 \sin \omega t + a_2 \sin 2\,\omega t + a_3 \sin 3\omega t + a_4 \sin 4\omega t + \ldots .$$

Über die noch unbestimmten Koeffizienten a_i ist nun so zu verfügen, daß das Abweichungsquadrat von $\bar{y}(t)$ bezüglich $y(t)$ über die Periodenlänge $l = T$ zu einem Minimum wird.

Auf analytische Form gebracht lautet die Forderung:

$$\int_{-\frac{\pi}{2}}^{\frac{3}{2}\pi} (\bar{y}(t) - y(t))^2 \, dt \to \text{Min.}$$

Für die ersten sieben Koeffizienten resultiert aus dieser Forderung:

$$a_1 = \frac{8y_{max}}{\pi^2}, \quad a_2 = 0, \quad a_3 = -\frac{8y_{max}}{9\pi^2}, \quad a_4 = 0, \quad a_5 = \frac{8y_{max}}{25\pi^2},$$

$$a_6 = 0, \quad a_7 = -\frac{8y_{max}}{49\pi^2}.$$

Daraus läßt sich bereits das allgemeine Bildungsgesetz ablesen. Für $\tilde{y}(t)$ erhält man

$$\tilde{y}(t) = \frac{8y_{max}}{\pi^2}\left[\sin\omega t - \frac{1}{9}\sin 3\omega t + \frac{1}{25}\sin 5\omega t - \frac{1}{49}\sin 7\omega t + \frac{1}{81}\sin 9\omega t - + \ldots\right].$$

Abbildung 28 veranschaulicht, daß sich das Bild von $\tilde{y}(t)$ schon sehr gut der von uns in Abbildung 27 vorgelegten Sägezahnkurve annähert. Diese Annäherung läßt sich durch die Mitnahme von Gliedern noch höherer Ordnung beliebig weit treiben.

Für eine wissenschaftliche Tonanalyse interessiert die Amplitude a_i, die zu der harmonischen Schwingung mit der Kreisfrequenz $i \cdot \omega$ gehört. Weiterhin kann man die Gesamtheit der Amplituden in einer graphischen Darstellung (Säulendiagramm) zusammenfassen. Auf der waagerechten Achse wird die Indexzahl i abgetragen. Im i-ten Teilungspunkt wird eine Säule mit der Länge der Amplitude, also $|a_i|$, errichtet. Das so erhaltene Diagramm heißt Spektrum der periodischen Funktion $y(t)$ (Abb. 29), und der Tonanalytiker kann daraus gewisse Aussagen über die Eigenart des Tones ablesen.

Abschließend erhebt sich noch die Frage, welche Auswirkungen unterschiedliche Phasenverschiebungen der Oberschwingungen gegenüber der Grundschwingung auf die Klangfarbe haben. Das äußere Erscheinungsbild einer durch Superposition zweier harmonischer Schwingungen erzeugten periodischen Funktion hängt sicher auch von der Phasenverschiebung der sich überlagernden Funktionen ab.

Superponiert man beispielsweise die Schwingungen

$$y_1(t) = \sin\omega t \quad \text{und} \quad y_2(t) = \sin 2\omega t,$$

so ergibt sich ein völlig anderes Bild als bei der Superposition von

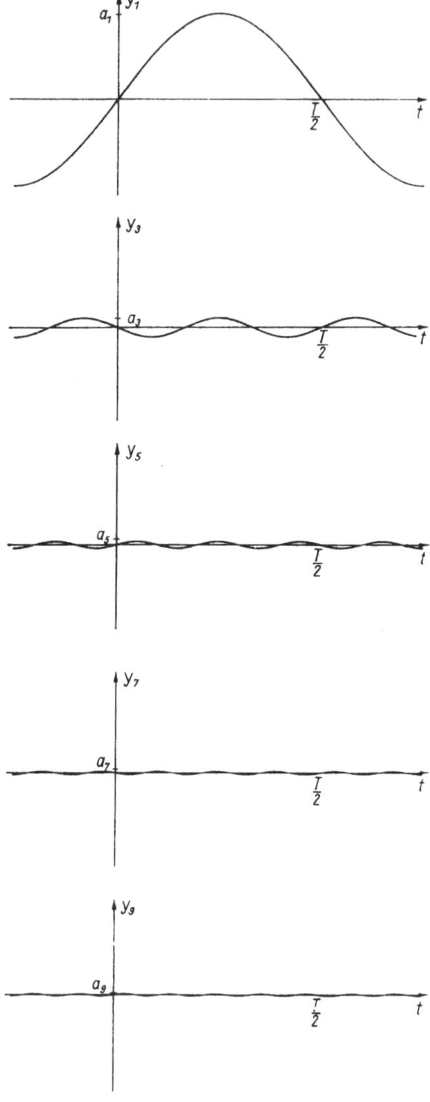

Abb. 28. Harmonische Analyse einer empirisch aufgenommenen periodischen Funktion

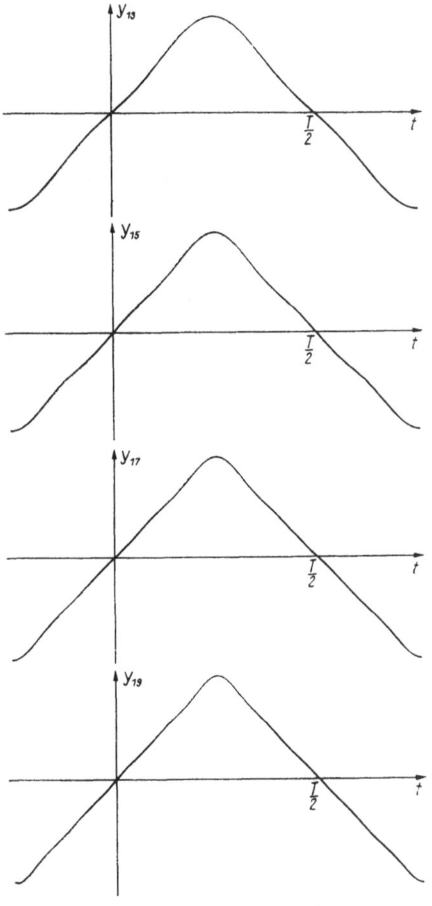

(zu Abb. 28.)

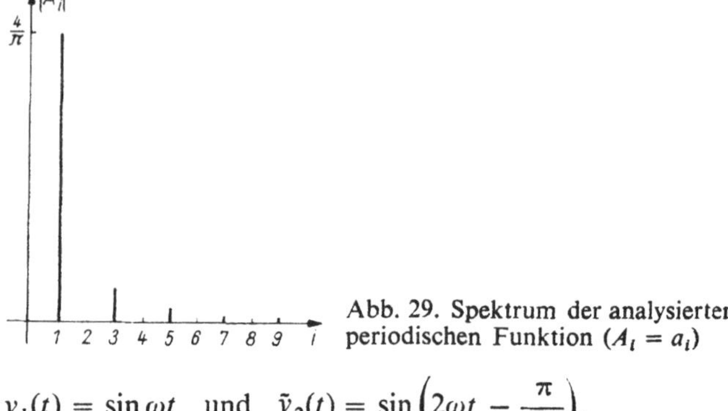

Abb. 29. Spektrum der analysierten periodischen Funktion ($A_i = a_i$)

$$y_1(t) = \sin \omega t \quad \text{und} \quad \tilde{y}_2(t) = \sin\left(2\omega t - \frac{\pi}{2}\right).$$

Trotzdem besitzen beide resultierende Funktionen nach Konstruktion das gleiche Spektrum von Schwingungen (Abb. 30).

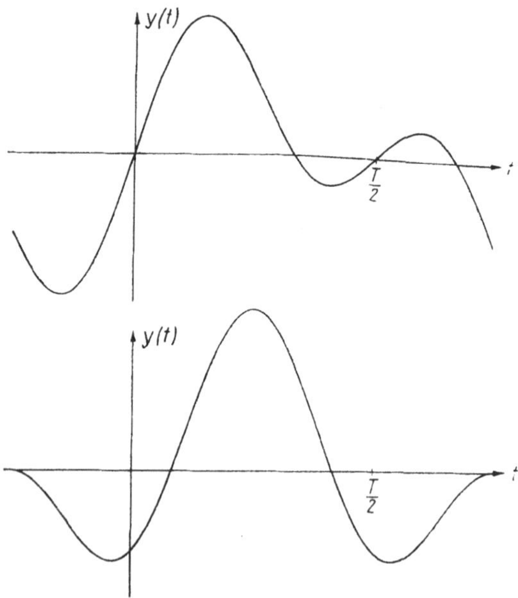

Abb. 30. Superposition zweier harmonischer Schwingungen bei unterschiedlicher Phasenverschiebung; nach dem Ohmschen Gesetz sind beide Schwingungen akustisch äquivalent

Unabhängig von dem optischen Eindruck gilt bezüglich der Klangfarbe das Ohmsche Gesetz[1]): Die Klangfarbe hängt allein von dem Stärkeverhältnis (den Amplituden) der Obertöne ab, jedoch nicht von deren Phasenverschiebungen gegeneinander. Würde unser Ohr - wie ein Oszillograph - auch ein Empfinden für Phasenverschiebungen von zwei Tönen gegeneinander haben, so wäre dies für die musikalische Praxis sehr problematisch. Bei aller Virtuosität sind die Instrumentalisten nicht in der Lage, sich auch noch an bestimmte Phasenverschiebungen gegenüber den Tönen anderer Instrumente zu halten. Für den musikalischen Genuß ist es daher gewiß von Vorteil, daß unser Ohr nur zu einer harmonischen Analyse der Töne befähigt ist.

---

[1]) Benannt nach *Georg Simon Ohm* (1787-1854).

7. Monochord – pythagoreisches Stimmungsprinzip

Den Naturwissenschaftlern der Neuzeit erscheint es befremdlich, daß die Philosophen der Antike zu naturwissenschaftlichen Problemen Behauptungen aufstellten, ohne deren Wahrheitsgehalt jemals mit leicht ausführbaren Experimenten nachzuprüfen. Zum Beispiel läßt sich die Behauptung des *Aristoteles* (384–322 v. u. Z.), daß schwere Körper schneller fallen als leichte, mit einem einfachen Gedankenexperiment widerlegen: Es ist ohne Einfluß auf die Fallzeit, ob man zwei Kilogrammstücke getrennt in einen tiefen Brunnen wirft oder ob man sie vor dem Versuch fest miteinander verbindet.

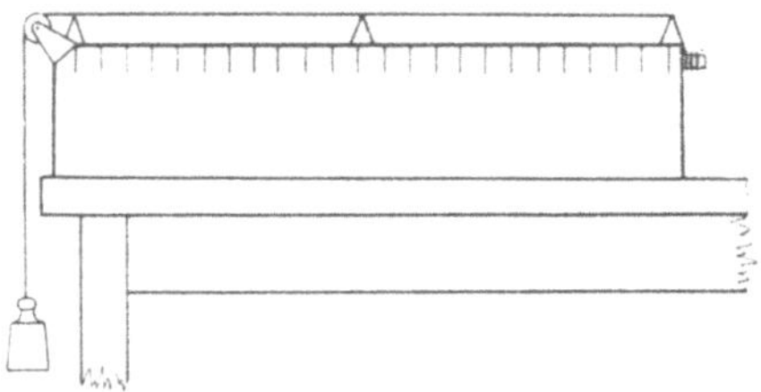

Abb. 31. Monochord

Ein echter Durchbruch zur experimentellen Fundierung theoretischer Aussagen gelang erst *Galileo Galilei* (1564–1642). Durch seine berühmten Pendel- und Fallversuche klärte er den funktionalen Zusammenhang von Pendellänge und Schwingungszeit bzw. Fallhöhe und Fallzeit auf. Auch die Wurfparabel gehörte zu seinen Entdeckungen. Die Zeit der „geistigen Wiedergeburt", des „Rinascimento", bildete den Anstoß für eine Fülle naturwissenschaftlicher Entdeckungen, die wegbereitend für das technische Zeitalter der Neuzeit waren.

Bereits in der Antike bildete jedoch die Schule der Pythagoreer bezüglich ihrer Aussagen zur Akustik eine rühmliche Ausnahme. Experimentelle Befunde lieferte ihnen das Monochord (Abb. 31), ein einsaitiges Instrument, bei dem über einen quaderförmigen Resonanzkörper eine Saite gespannt ist. Diese ist an einem Ende

fest verankert, während das andere Ende über eine feste Rolle mit einem Gewicht belastet wird. Nun kann die wegen des Gewichtes stets unter gleicher Spannung stehende Saite angezupft und dadurch in Eigenschwingung versetzt werden. Diese Schwingung überträgt sich auf den Resonanzkörper und liefert einen deutlich vernehmbaren Ton. Die Pythagoreer experimentierten mit dem Monochord und variierten die Länge der unter konstanter Spannung stehenden Saite durch Einschieben eines Steges. Beim Halbieren ergab sich ein zum Grundton harmonischer Oberton. Diesem harmonischen Zusammenklang zweier Töne entsprach das Zahlenverhältnis 1 : 2, und in der Musiktheorie bezeichnet man dieses Intervall als Oktave. Entsprechend ihrer philosophischen Grundhaltung, auf die später noch eingegangen wird, lag es nahe, den schwingenden Anteil auf zwei Drittel der ursprünglichen Länge zu verkürzen. Der so erzeugte Ton ergab mit dem Ausgangston einen angenehmen Zusammenklang, der in der Musiktheorie als Quinte bezeichnet wird. Schließlich gaben sie bei ihren Experimenten drei Viertel der ursprünglichen Länge zur Schwingung frei. Der so entstandene Zweiklang hörte sich ebenfalls erträglich an; in der Musiktheorie wird dieses Intervall als Quarte bezeichnet.
Ganz allgemein entspricht dem Nacheinanderausführen zweier Tonschritte das Multiplizieren der entsprechenden Verhältniszahlen. Zur Illustration diene das folgende Beispiel:

Quinte + Quarte = Oktave

$$\frac{3}{2} \cdot \frac{4}{3} = \frac{2}{1}$$

Die Tastenreihe des Klavieres läßt sich in gewissem Sinne mit dem Prinzip eines Rechenstabes vergleichen. Fügt man dort mittels der verschiebbaren Zunge zwei Strecken mit den Skalenwerten a und b aneinander, so entspricht auf der Stabskala der Skalenwert $c = a \cdot b$ der Streckensumme.
Hingegen ergibt sich zur Charakterisierung des Tonintervalles zwischen Quarte und Quinte bezüglich des gemeinsamen Grundtones der Quotient der Längenverhältnisse, also:

Quinte – Quarte = ganzer Ton

$$\frac{3}{2} : \frac{4}{3} = \frac{9}{8}$$

Bei Vogelstimmen und anderen Tierlauten beschränken sich die verwendeten Tonintervalle keineswegs auf Oktave, Quinte und Quarte. Sicher gab es schon zur Zeit des Pythagoras einfache Melodien von Volksliedern und Instrumente (z. B. Hirtenflöten) mit einem größeren Tonumfang. Auf die Pythagoreer geht aber der Aufbau einer Tonleiter zurück, bei der die reinen Zusammenklänge von Quinte und Quarte systematisch verarbeitet werden. Für die folgenden Untersuchungen sollen die Intervalle zweier Töne nicht durch das Längenverhältnis der schwingenden Saiten, sondern durch ihre Kehrwerte, also das Verhältnis der Schwingungszahlen, erfaßt werden. Ist l die Länge der schwingenden Saite und f deren Frequenz, so gilt $l = k/f$ mit geeignet gewähltem Proportionalitätsfaktor k.
Am Monochord ist die Länge des schwingenden Saitenabschnittes bei konstanter Saitenspannung umgekehrt proportional zur Frequenz. Auf Grund dieser physikalischen Sachverhalte kann damit festgehalten werden: Zwei Tonintervalle sind genau dann gleich, wenn ihre Frequenzen im gleichen Verhältnis zueinander stehen.
Ohne uns bereits jetzt auf absolute Frequenzen festzulegen, können wir für die zunächst nur wichtigen Verhältniszahlen die Bezeichnungen der uns geläufigen C-Dur-Tonleiter übernehmen, also $c - d - e - f - g - a - h - c'$. Bisher haben wir am Monochord über folgende Verhältniszahlen bezüglich des Grundtones c verfügt:

c	f	g	c'	Tonbezeichnung
1	4/3	3/2	2	Verhältniszahl
Prime	Quarte	Quinte	Oktave	Intervall

Es sind also noch vier Leerstellen auszufüllen. Die pythagoreische Tonleiter setzt sich aus fünf großen und zwei kleinen Tonschritten zusammen. Der große Tonschritt wird aus Quarte und Quinte wie folgt erklärt: Setzt man $q_1 = \frac{3}{2}$ und $q_2 = \frac{4}{3}$, so gilt für den großen Tonschritt $q = \frac{q_1}{q_2} = \frac{9}{8}$. Die diesem Verhältnis entsprechende Schrittweite liegt bereits von f nach g vor, ferner wird sie beim Fortschreiten von c nach d, von d nach e sowie von g nach a und von a nach h übernommen. Nun stehen noch die Quotienten offen, welche die Schritte von e nach f und von h nach c' beschreiben. Für beide Intervalle ergibt sich zwangsläufig aus den bisherigen Festlegungen das Zahlenverhältnis $\frac{256}{243}$. Dieser Bruch kann nicht gekürzt werden; wegen der Dreistelligkeit von Zähler und Nenner fällt er etwas aus dem Rahmen. Aber auch in akustischer Hinsicht liefern die Töne keinen guten Zusammenklang. Durch eine Zusammenstellung der Zahlenverhältnisse bezogen auf den Grundton und den nächsttieferen Nachbarton wollen wir uns eine Übersicht zum pythagoreischen Tonsystem zusammenstellen:

Tonbezeichnung	*c*	*d*	*e*	*f*	*g*	*a*	*h*	*c'*
Schwingungszahl bezogen auf *c*	1	9/8	81/64	4/3	3/2	27/16	243/128	2
bezogen auf tieferen Nachbarton		9/8	9/8	256/243	9/8	9/8	9/8	256/243

In einer ganzzahligen fortlaufenden Proportion stellt sich dieses Stimmungsprinzip wie folgt dar:

384 : 432 : 486 : 512 : 576 : 648 : 729 : 768

Auf kleinere Verhältniszahlen läßt sich diese Tonleiter nicht reduzieren.

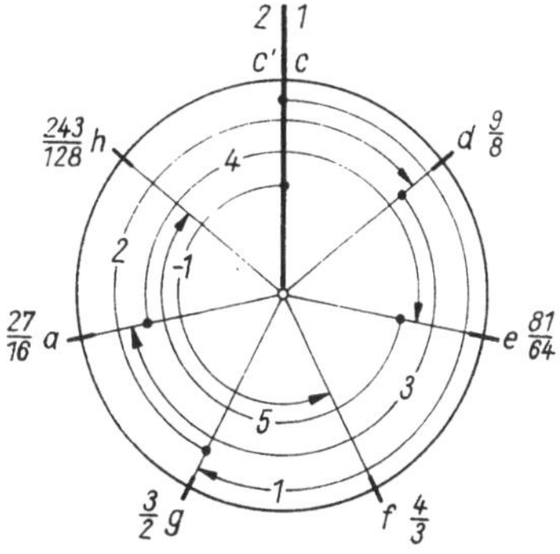

Abb. 32. Quintenzirkel zur Konstruktion der Schwingungszahlen nach dem pythagoreischen Stimmungsprinzip

Die gleiche Tonleiter kann man sich auch über den sogenannten „Quintenzirkel" herleiten (Abb. 32). Dazu zeichnen wir einen Kreis und teilen diesen in sieben gleiche Teile. Im Uhrzeigersinn

werden die Tonbezeichnungen eingetragen, wobei wir mit *c* vom obersten Teilungspunkt ausgehen wollen. Da sich dieser mit *c'* decken soll, werden wir ihn besonders stark markieren. Nun vollführen wir, von *c* ausgehend, im Uhrzeigersinn Quintensprünge. Durch Überspringen von je drei Teilungspunkten des Kreises gelangen wir der Reihe nach zu *g*, *d*, *a*, *e* und *h*. Bei jedem Sprung multiplizieren wir die zuletzt erreichte Zahl mit 3/2; wird jedoch bei einem Quintensprung die zu *c* gehörige Markierung überquert, so lautet der Faktor 3/4 statt 3/2. Man sieht, daß auf diese Weise gleichfalls die Verhältniszahlen der pythagoreischen Tonleiter erzeugbar sind. Die noch fehlende Verhältniszahl für *f* ergibt sich durch eine Quintendrehung entgegen dem Uhrzeigersinn. Wir müssen deshalb die zu *c* gehörige Verhältniszahl mit dem Kehrwert von 3/2 multiplizieren und – da dieser Sprung als Überschreitung der Markierung zu werten ist – noch mit dem Faktor zwei versehen. Ferner ist zu bemerken, daß sich der Quintenzirkel nicht exakt schließt. Nach dem beschriebenen Verfahren lassen sich zwar die zu sieben Tönen der Tonleiter gehörigen relativen Schwingungszahlen exakt auffinden, jedoch kann die zu *c'* gehörige Zahl 2 nach dem hier beschriebenen Verfahren nicht konstruiert werden.
Teilt man nun die fünf großen Intervalle der pythagoreischen Tonleiter in je zwei Teilintervalle, so sind beim Durchlaufen der Oktave von *c* nach *c'* insgesamt 12 Tonschritte auszuführen. Bei Tasteninstrumenten erkennt man bereits an der Klaviatur die Einschaltung der fünf Zwischentöne. Führen wir nun entsprechend der hier vorgelegten Tonleiter mit unserem Zirkel zwölf Quintendrehungen im Uhrzeigersinn durch und beachten, daß beim Überqueren der *c*-Marke der Faktor 3/4 und sonst 3/2 zu setzen ist, so ergibt sich als Endwert

$$\left(\frac{3}{2}\right)^{12} \cdot \left(\frac{1}{2}\right)^{7} = \frac{531441}{524288} = 1{,}0136.$$

Hätte sich der Quintenzirkel nach 12 Sprüngen, d. h. 7 Umläufen, exakt geschlossen, wären wir auf die Zahl Eins gekommen. Das diese Abweichung charakterisierende Zahlenverhältnis (531441 : 524288) nennt man in der Musiktheorie das „pythagoreische Komma“. Durch diesen Quotienten wird also das Intervall zwischen der zwölften Quinte und der siebenten Oktave bezüglich eines gemeinsamen Grundtones zahlenmäßig erfaßt. Das hier erläuterte Stimmungsprinzip, nach welchem

alle Töne aus einer Quintenreihe abgeleitet werden, heißt pythagoreisches Stimmungsprinzip.
Das alles ist aber keineswegs nur von theoretischer oder musikgeschichtlicher Bedeutung. Vor allem bei solistischen Darbietungen an Streichinstrumenten neigen die Künstler zur Verwendung dieser pythagoreischen Tonstufen. Sie heben den melodiösen Klang der Musik. Auch der Klavierstimmer arbeitet, von *c* ausgehend, mit Quintensprüngen und Oktaven, wobei allerdings gewisse Feinkorrekturen in Anpassung an die noch zu besprechende temperierte Stimmung vorzunehmen sind. Über alle Tonlagen hinweg hat das geschulte Ohr ein sicheres Empfinden für die Oktave und die Quinte. Diese numerischen Betrachtungen können uns einen Einblick in die Probleme vermitteln, die beim Instrumentenbau hinsichtlich des harmonischen Zusammenklanges vieler Instrumente in einem großen Klangkörper zu bewältigen sind.

8. Diatonisches Stimmungsprinzip

Gegen das pythagoreische Quintensystem ist der Einwand der Klangarmut vor allem beim Anschlagen von Akkorden bezüglich der angeregten Obertöne erhoben worden. Wir kehren deshalb zu unserem Monochord zurück und vollziehen nun in Gedanken noch jenen Schritt, den *Didymos* (geb. 63 v. u. Z.) über die Pythagoreer hinausgehend getan hat. Wir setzen am Monochord den beweglichen Steg so ein, daß 4/5 der ursprünglichen Saite zur Schwingung freigegeben sind. Bezüglich des Grundtones ergibt sich nach unserer Sprechweise die große Terz; der Kehrwert 5/4 entspricht dem Verhältnis der Frequenzen. Mit diesem Tonschritt läßt sich eine weitere Tonleiter aufbauen, die für die Musiktheorie von fundamentaler Bedeutung ist: die diatonische Tonleiter.

Dazu fassen wir zunächst von den bis jetzt bekannten Intervallen Oktave, Quinte, Quarte und große Terz die auf den Grundton bezogenen Verhältniszahlen zusammen:

c	·	*e*	*f*	*g*	·	·	*c'*
1		5/4	4/3	3/2			2/1

Zwischen *f* und *g* bleibt also bei der aufzubauenden Tonleiter der pythagoreische Ganztonschritt unverändert bestehen. Das Intervall von *e* nach *f* stellt einen halben Tonschritt dar, welcher durch den Bruch 16/15 fixiert wird. Nun sind offenbar noch die Lücken zwischen *c* und *e* sowie zwischen *g* und *c'* durch einen bzw. durch zwei Töne in geeigneter Weise zu schließen. Geht man von *c* um einen pythagoreischen Ganztonschritt nach *d*, bleibt für den Übergang von *d* nach *e* noch der Faktor 10/9 frei. Um Quotienten von möglichst kleinen ganzen Zahlen zur Beschreibung der Tonleiter zu erhalten, ist eine Unterscheidung zwischen großen und kleinen ganzen Tonschritten zu treffen, je nachdem, ob die Verhältniszahl beim Übergang zum nächsthöheren Ton 9/8 oder 10/9 lautet. Auf diese Weise lassen sich dreistellige Verhältniszahlen zwischen Nachbartönen, wie sie bei der pythagoreischen Stimmung auftreten, ausschalten.

Mit den vorgegebenen Intervallgrößen sind nun noch die beiden Leerstellen zwischen *g* und *c'* zu besetzen. Geht man von *e* um eine Quinte nach oben, ergibt sich *h* mit der Verhältniszahl 15/8 bezüglich des Grundtones *c*. Damit bleibt für das Intervall von *h* nach *c'* der halbe Tonschritt 16/15. Das noch offene Intervall zwischen *g* und *h* stellt eine große Terz entsprechend dem Bruch 5/4 dar. Wegen $\frac{5}{4} = \frac{9}{8} \cdot \frac{10}{9}$ ist es naheliegend, *a* so einzupassen, daß das Intervall *g-a* einem großen und *a-h* einem kleinen Ganztonschritt entspricht. Damit ist die Konstruktion der acht Töne umfassenden diatonischen Tonleiter aus den Brüchen 9/8, 10/9 und 16/15 abgeschlossen. Für weitere mathematische Betrachtungen stellen wir die Zahlenverhältnisse übersichtlich zusammen:

Tonbezeichnung	*c*	*d*	*e*	*f*	*g*	*a*	*h*	*c'*
Schwingungszahl bezogen auf *c*	1	9/8	5/4	4/3	3/2	5/3	15/8	2/1
bezogen auf tieferen Nachbarton		9/8	10/9	16/15	9/8	10/9	9/8	16/15

Bringt man die auf den Grundton bezogenen Brüche der Übersicht auf den Hauptnenner 24, so können die Verhältniszahlen für die Frequenzen der diatonischen Tonleiter in der folgenden fortlaufenden Proportion geschrieben werden:

24 : 27 : 30 : 32 : 36 : 40 : 45 : 48

Für den Grundakkord *c – e – g* (Tonika) lassen sich die Verhältniszahlen kürzen, und es gilt 4 : 5 : 6. In diesem Verhältnis stehen auch der Dominantakkord *g – h – d'* und der Subdominantakkord *f – a – c'*. Weil die diatonische Tonleiter optimal die Forderung nach harmonischem Zusammenklang der Töne befriedigt, bezeichnet man sie auch als die „reine" Tonskala.
Aus der obigen fortlaufenden Proportion für die Schwingungszahlen ergeben sich für die bekanntesten Intervalle der reinen Stimmung folgende Zahlenverhältnisse:

Oktave	(*c' – c*)	2 : 1
Septime	(*h – c*)	15 : 8
Sexte	(*a – c*)	5 : 3
Quinte	(*g – c*)	3 : 2
Quarte	(*f – c*)	4 : 3

Große Terz	(*e* – *c*)	5 : 4
Kleine Terz	(*g* – *e*)	6 : 5
Große Sekunde	(*d* – *c*)	9 : 8
Kleine Sekunde	(*e* – *d*)	10 : 9

Neben der Oktave vermag das weniger geschulte Gehör auch die Quinte aus anderen Tonintervallen klar herauszuhören. In der diatonischen Tonleiter finden sich je Oktave 5 Quinten (*c* – *g*, *e* – *h*, *f* – *c'*, *g* – *d'*, *a* – *e'*), fünf Quarten (*c* – *f*, *d* – *g*, *e* – *a*, *g* – *c'*, *h* – *e'*), drei große Terzen (*c* – *e*, *f* – *a*, *g* – *h*) und drei kleine Terzen (*e* – *g*, *a* – *c'*, *h* – *d'*). Die Fülle der Tonintervalle mit kleinen Verhältniszahlen und gutem Zusammenklang verleiht der diatonischen Stimmung ihre Überlegenheit gegenüber der pythagoreischen Stimmung bei der Interpretation polyphoner Musik.

Um die Verhältnisskala der diatonischen Stimmung mit der Skala der pythagoreischen Stimmung besser vergleichen zu können, bringen wir beide Proportionen auf den gemeinsamen Nenner 384. Hierzu sind die Zahlen der diatonischen Stimmung mit dem Faktor 16 zu multiplizieren. Daraus resultiert folgende Gegenüberstellung:

Tonbezeichnung	*c*	*d*	*e*	*f*	*g*	*a*	*h*	*c'*
pythagoreische	384	432	486	512	576	648	729	768
diatonische Stimmung	384	432	480	512	576	640	720	768

Aus dieser Übersicht ergeben sich z. B. für die Töne des Grundakkordes (*c* – *e* – *g*) der pythagoreischen bzw. der diatonischen Stimmung folgende nicht weiter reduzierbare Verhältniszahlen:

64 : 81 : 96 (pythagoreisch)
4 : 5 : 6 (diatonisch)

Allein diese Gegenüberstellung zeigt die Überlegenheit der diatonischen gegenüber der pythagoreischen Stimmung im Hinblick auf polyphone Musik.

Von musikalischem Interesse ist weiterhin die Unterscheidung nach Dur- und Moll-Tonart. Die bisher aufgestellten Verhältniszahlen repräsentieren die Dur-Tonart. Bei der Moll-Tonart werden, vom Grundton *c* ausgehend, die von der Dur-

Tonleiter bekannten Intervallschritte in einer anderen Reihenfolge gesetzt, nämlich 9/8, 16/15, 10/9, 9/8, 16/15, 9/8, 10/9. Bemerkenswert ist hierbei, daß sich die Moll-Tonart aus der Dur-Tonart nicht allein durch zyklische Vertauschung der Intervalle ableiten läßt, sondern auch eine Inversion der zwischen den Halbtonschritten liegenden Intervalle 9/8 und 10/9 vorzunehmen ist. Wie man durch elementare Rechnung selbst nachprüfen kann, lassen sich die zu der Tonfolge gehörigen Frequenzen durch folgende Proportion ganzzahlig erfassen:

120 : 135 : 144 : 160 : 180 : 192 : 216 : 240

Ein weiteres Kürzen dieser Verhältniszahlen ist nicht möglich. Der Grunddreiklang wird durch das Zahlentripel 10 : 12 : 15 numerisch erfaßt.

Die Verschiedenheit der musikalischen Wirkung der beiden Tonarten auf die Psyche des Menschen verknüpfte man vor allem in früherer Zeit mit den Vorstellungen von Kraft, Fröhlichkeit und Kühnheit (Dur-Tonart; Dur – hart) oder mit Gefühlen der Trauer, des Ernstes und der Besinnlichkeit (Moll-Tonart; Moll – weich). In der Frühzeit der Kirchenmusik war von den beiden Tongeschlechtern nur das Äolische (Moll) zur Umrahmung des Gottesdienstes zugelassen, während das Lydische (Dur) wegen seiner Sinnesfreudigkeit aus der geistlichen Musik verbannt war. Spätestens seit dem Zeitalter des Barock stehen beide Tongeschlechter auch in der Kirchenmusik gleichrangig nebeneinander. Wenn einer unserer Mitmenschen wenig freudig gelaunt ist, so sagt man noch heute in der Umgangssprache: „Er ist auf Moll gestimmt.“ Das Bemühen, zwischen den Zahlen der fortlaufenden Proportionen und den durch die verschiedenen Tongeschlechter ausgelösten psychischen Stimmungen eine Korrelation herzustellen, führt leicht in Bereiche unbeweisbarer Spekulationen. Uns geht es hier aber um eine zahlenmäßige Erfassung akustischer Effekte an Tonleitern. In der modernen Musik verliert die Unterscheidung nach Tongeschlechtern mehr und mehr an Bedeutung.

9. Glanz und Verfall des Weltbildes der Pythagoreer

Bevor wir uns der Weiterentwicklung des mathematischen Aufbaus von Tonleitern zuwenden, sei noch einiges über *Pythagoras* (um 580–496 v. u. Z.) selbst und die von ihm begründete Philosophenschule gesagt. Auf der Insel Samos geboren, begab sich Pythagoras nach längeren Studienaufenthalten in Ägypten und Mesopotamien in das süditalienische Kroton, das damals politisch zu Griechenland gehörte. Dort wurde er zum führenden Kopf eines politisch-religiösen Geheimbundes, dessen ideologische Grundeinstellung auf die Erhaltung der Sklavenhalteraristokratie abzielte. Nach seiner Auffassung bestand das Wesen der Welt in der Harmonie der Zahlen. Durch spekulative Erschließung der für sie wunderbaren Zahlenwelt suchten sie der Vereinigung mit dem Göttlichen näherzukommen. Zu den frühesten Untersuchungsgegenständen der Pythagoreer gehörten die figurierten Zahlen wie Dreieckszahlen, Quadratzahlen, Rechteckszahlen und die Summenformeln der zugehörigen Reihen. Auch die Bildung des arithmetischen, geometrischen und harmonischen Mittels zweier Zahlen bzw. zweier Strecken war ihnen nicht fremd. Die regulären Polyeder, nämlich Tetraeder, Hexaeder, Oktaeder, Ikosaeder und Pentagondodekaeder, zogen sie gleichfalls in ihren Bann. Konkrete mathematische Betrachtungsweisen und die durch Abstraktionsprozesse gewonnene Begriffswelt verknüpften sie oft mit mystischen Deutungsversuchen und religiösen Spekulationen.
Als Schüler verbindet man mit dem Namen Pythagoras die Erinnerung an den wichtigen Lehrsatz: „Im rechtwinkligen Dreieck ist die Summe aus den Quadraten der Kathetenmaßzahlen gleich dem Quadrat der Hypotenusenmaßzahl". Entsprechend ihrer philosophischen Grundhaltung forschten die Pythagoreer bereits nach Zahlentripeln $(a; b; c)$, für die gilt: $a^2 + b^2 = c^2$. In der Tat lassen sich beliebig viele solcher „pythagoreischer Zahlentripel" nennen; z. B. (3; 4; 5), (8; 15; 17) oder (5; 12; 13), und die Pythagoreer waren überzeugt, daß sich für jedes rechtwinklige Dreieck bei geeigneter Wahl der Einheitsstrecke ein solches Zahlentripel finden läßt.
Pythagoras und sein Schülerkreis bildeten eine verschworene

Gemeinschaft, die zu jedem Opfer füreinander bereit war. Zum Beispiel gehörten *Damon* und *Phintias* aus Syrakus zu diesem Bund, und ihrer Freundestreue hat *Friedrich Schiller* (1759 bis 1805) mit seinem Gedicht „Die Bürgschaft" ein literarisches Denkmal gesetzt: „Ich lasse den Freund dir als Bürgen, ihn magst Du, entrinn' ich, erwürgen." Dabei darf jedoch nicht übersehen werden, daß die Mitglieder dieses Bundes hochmütig auf jene Menschen herabsahen, welche ihren Lebensunterhalt mühsam erarbeiten mußten. Dieser Hochmut sollte den Pythagoreern später noch teuer zu stehen kommen. Die griechische Führungsschicht der damaligen Zeit hielt Handwerker und Bauern für Banausen, während der freie Mann grübelte, diskutierte, spekulierte und lehrte. Gegenstände ihrer Beschäftigung waren zunächst die drei Künste Grammatik, Rhetorik und Dialektik. Ergänzend zu diesem Unterbau der Wissenschaft, dem Trivium, pflegten die Pythagoreer die vier Matemata Arithmetik, Geometrie, Musik und Astronomie, welche das Quadrivium ihres Lehrgebäudes bildeten.

Die Pythagoreer wollten ihre philosophische Lehre von den Zahlen im Sinne einer Allaussage verstanden wissen. Als Paradebeispiel für die Tragfähigkeit ihrer Lehre verwiesen sie dabei gern auf experimentelle Ergebnisse in der Akustik. Diese können in dem Satz zusammengefaßt werden: „Harmonische Zusammenklänge von Tönen lassen sich auf die Verhältnisse kleiner ganzer Zahlen zurückführen."

Für den Beweis einer Allaussage genügt jedoch nicht die Bestätigung durch eine auch noch so große Anzahl von Beispielen. Vielmehr reicht bereits ein Gegenbeispiel dafür aus, ein solches Weltbild aus seinen Angeln zu heben. Der Entdecker eines solchen Gegenbeispiels fand sich im Bund der Pythagoreer allerdings nicht mehr zu Lebzeiten des Meisters.

Pythagoras' letzte Wirkungsstätte lag im unteritalienischen Metapontum, wo der Bund auch noch lange nach seinem Tode fortbestand und neue Anhänger die philosophischen Lehren dieser Schule pflegten. Verbindend für die Verfechter der gemeinsamen Lehrmeinungen war ein geometrisches Geheimzeichen, ein regelmäßiger Fünfstern, auch Drudenfuß genannt (Abb. 33). *Hippasos von Metapontum* (um 430 v. u. Z.), der diesem Bund als Neuling beigetreten war, betrachtete dieses Geheimzeichen einmal völlig unbefangen von allem Autoritätsglauben. Dabei mag ihm der Gedanke gekommen sein, gemäß der Lehre des verstorbenen Meisters jenes Paar von natürlichen Zahlen aufzusuchen, welches dem Verhältnis der Längen von Diagonale und Seite beim regelmäßigen Fünfeck entspricht. Wegen der Spärlichkeit der historischen Quellen ist heute nicht mehr rekon-

Abb. 33. Pentagramm – Geheimzeichen der Pythagoreer

struierbar, mit welchen Mitteln der unbequeme Schüler Hippasos die bestehende Lehrmeinung ad absurdum führte. Vermutlich diente ihm das Prinzip der Wechselwegnahme (Kettendivision) von Strecken als Beweismittel für diese aufrührerische Entdekkung.

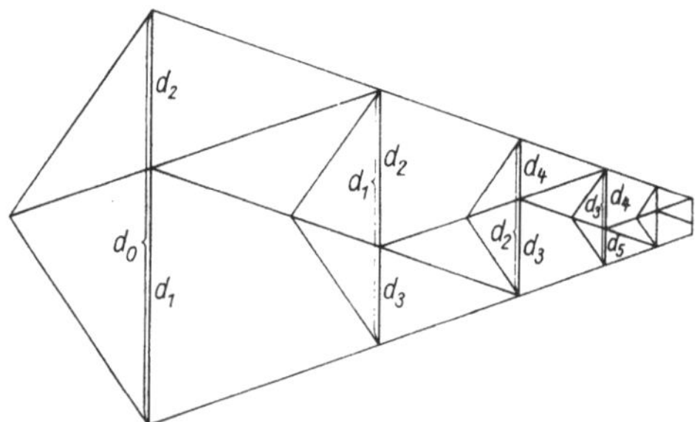

Abb. 34. Wechselwegnahme der Fünfeckseite von der Fünfeckdiagonalen bei einer Folge von regelmäßigen Fünfecken

An Abbildung 34 sollen einmal jene Gedankengänge nachvollzogen werden, die möglicherweise von Hippasos erstmals durchdacht worden sind. Entsprechend dieser Abbildung bezeichnen wir mit d_0 die Länge der Diagonalen und mit d_1 die Seitenlänge des ersten regelmäßigen Fünfecks unserer Fünfeckfolge. Weiterhin ist d_1 zugleich die Länge der Diagonalen und d_2 die Seitenlänge des zweiten regelmäßigen Fünfecks. Offenbar gelten aufgrund der Regelmäßigkeiten und Größenbeziehungen der beiden ersten Fünfecke unserer Folge die Gleichungen

$$d_0 = d_1 + d_2 \tag{1}$$

und

$$\frac{d_0}{d_1} = \frac{d_1}{d_2}. \tag{2}$$

Gleichung (1) kann durch d_1 dividiert werden:

$$\frac{d_0}{d_1} = 1 + \frac{d_2}{d_1}. \tag{3}$$

Mittels der nach Abbildung 34 demonstrierten Folge von Wechselwegnahmen der Fünfeckseite von der Diagonalen gelangt man bezüglich des k-ten Fünfecks zu den beiden Gleichungen

$$\frac{d_{k-1}}{d_k} = 1 + \frac{d_{k+1}}{d_k} \tag{4}$$

und

$$\frac{d_{k-1}}{d_k} = \frac{d_k}{d_{k+1}}. \tag{5}$$

Sollen die Längen d_0 und d_1 ein gemeinsames Maß besitzen, so muß das Verfahren der Wechselwegnahme nach dem Prinzip des euklidischen Algorithmus an einer gewissen Stelle abbrechen. Wir nehmen an, dies trete beim $(k + 1)$-ten Schritt ein. Daher gilt

$$\frac{d_k}{d_{k+1}} = n, \tag{6}$$

wobei n eine positive ganze Zahl ist. Mit (5) folgt aus (6)

$$\frac{d_{k-1}}{d_k} = n. \tag{7}$$

Setzt man (7) und (6) in (4) ein, ergibt sich die Gleichung

$$n = 1 + \frac{1}{n} \text{ oder } n^2 - n - 1 = 0. \tag{8}$$

Nach der für d_0 und d_1 getroffenen Annahme muß die Gleichung (8) eine natürliche Zahl als Lösung besitzen. Aus (8) folgt jedoch

$$n_{1/2} = \frac{1 \pm \sqrt{5}}{2}. \tag{9}$$

Für die positive Wurzel von (8) gilt nach (9) die Abschätzung

$$1 < n_1 < 2. \tag{10}$$

Da sich nach (10) unter den Wurzeln der Gleichung (8) keine positive ganze Zahl befindet, ist gezeigt, daß die Annahme eines gemeinsamen Maßes für d_0 und d_1 auf einen Widerspruch führt. Die Inkommensurabilität von Diagonale und Seite im regelmäßigen Fünfeck ist hierdurch bewiesen.

Die philosophische Lehre der Pythagoreer wurde in dieser oder einer ähnlichen Weise durch logisches Schließen am eigenen Bundeszeichen erschüttert. Das Prinzip der Wechselwegnahme zur Bestimmung des größten gemeinsamen Teilers zweier Zahlen war bereits zur Zeit des Pythagoras bekannt. Die spärlichen schriftlichen Überlieferungen aus jener Zeit lassen nur eine Schätzung des Jahres dieser Entdeckung zu. Sicher erfolgte sie bis 420 v. u. Z., eventuell um das Jahr 430 v. u. Z.

Die Autorität des Pythagoras wirkte lange über seinen Tod hinaus unter seinen Jüngern weiter. Erschreckt, aber auch vom Wahrheitsdrang besessen, verbreitete Hippasos die Kunde über seine Entdeckung, die der philosophischen Lehre des Meisters den Todesstoß versetzte. Am meisten verübelten ihm die Bundesmitglieder, daß er seine Erkenntnis auch Fremden mitteilte, die ihrem Geheimbund nicht angehörten. Hippasos wurde zur Strafe aus dem Orden verstoßen, und man errichtete ihm symbolisch eine Grabstätte. Der Sage nach soll er später bei einer Seefahrt in dem vom Sturm aufgewühlten Meer untergegangen sein. Dies wurde von den Bundesmitgliedern als eine Strafe der Götter angesehen.

Unabhängig davon blieb diese neue Erkenntnis nicht ohne Rückwirkungen auf den Orden der Pythagoreer. Er spaltete sich in zwei Gruppen auf. Die eine Gruppe, Akusmatiker genannt, schwor nach wie vor auf die philosophischen Lehren des Pythagoras und betrieb die Mathematik in seinem Sinne weiter. Die Mathematiker hingegen zogen die Konsequenzen aus der unbequemen Entdeckung des Hippasos. Sie pflegten vor allem die Geometrie und waren bereit, neue Abenteuer mit künftigen mathematischen Entdeckungen auf sich zu nehmen.

Eine Vorstellung von der Resonanz, die bei den Zeitgenossen durch den Nachweis der Unhaltbarkeit der pythagoreischen Lehre ausgelöst wurde, kann dem Reisebericht des *Platon* (427–347 v. u. Z.) entnommen werden. Als Anhänger der pythagoreischen Lehre weilte er um 400 v. u. Z. bei dem Mathematiker *Theodoros* (um 465–400 v. u. Z.) in Kyrene (Nordafrika). Nachdem ihm dieser die Inkommensurabilität der Zahlen $\sqrt{3}$, $\sqrt{5}$, $\sqrt{17}$ demonstriert hatte, war Platon als mathematischer Laie sehr erregt. Er schrieb aufgrund dieses Erlebnisses: „Ich habe ja wohl auch selbst erst recht spät etwas davon vernommen und mußte mich über diesen Übelstand bei uns höchlich wundern. Es kam mir vor, als wäre das gar nicht bei Menschen möglich, sondern nur etwa bei Schweinevieh. Und da schämte ich mich, nicht nur für mich selbst, sondern auch für alle Helenen."
Hippasos übte auch Kritik an der pythagoreischen Tonleiter wegen der Klangarmut ihrer Akkorde infolge der einseitigen Bevorzugung der Quinten. Mit dem diatonischen Stimmungsprinzip wurden diese Schwächen – allerdings erst einige Jahrhunderte später – überwunden.
2000 Jahre nach Hippasos von Metapontum sollte eine irrationale Zahl, nämlich $\sqrt[12]{2}$, beim Aufbau eines neuen Stimmungsprinzips zu grundlegender Bedeutung in der Musiktheorie gelangen.

10. Temperierte Stimmung

Nach Didymos ruhten für fünfzehn Jahrhunderte die theoretischen Beiträge zur Verbesserung des Tonsystems und zur Anpassung der Tonskala an neuere Forderungen bezüglich des Zusammenspiels von mehreren verschiedenartigen Instrumenten. Erst durch die Renaissance wurde die Rückbesinnung auf das Wissen der Antike, aber auch die kritische Auseinandersetzung mit allem Überliefertem neu aktiviert. Wesentliche Impulse für Fortschritte auf dem Gebiet der musikalischen Betätigung gingen von der Kirchenmusik aus. Jedoch auch Tanz und Volksbelustigung boten viele Motivationen zur praktischen Musikausübung. Dies blieb nicht ohne Rückwirkungen auf die Entwicklung von Musikinstrumenten. Es entstanden Orchester, bei denen für das harmonische Zusammenspiel unterschiedlichster Instrumente nach einer theoretischen und auch praktisch realisierbaren Lösung noch gesucht werden mußte. Dabei ging es um das Problem, Instrumente mit fester Tonlage modulierbar zu gestalten, so daß sie aufeinander abstimmbar sind. Aus der Sicht des mathematischen Aufbaus von Tonskalen war folgende Forderung zu befriedigen: „Alle durch das Instrument mit fester Tonlage verfügbaren Töne müssen die Funktion des Grundtones einer Tonleiter übernehmen können.“

Zunächst liegt es nahe, z. B. an Tasteninstrumenten mit fester Tonlage, in der Klaviatur zwischen jeden Ganztonschritt je eine Taste einzufügen, die den ganzen Schritt in zwei halbe zerlegt. An unseren heute gebräuchlichen Klavieren entsprechen die kürzeren, aus dem Feld der weißen Tasten herausragenden schwarzen Tasten den eingefügten Halbtonschritten. Wir wollen an einem Beispiel untersuchen, welche Probleme sich ergeben, wenn man dabei auf einer Wahrung der „reinen“ Stimmung besteht.

Wählen wir *d* als Grundton unserer Tonleiter, so sind im Notenbild zwei Versetzungszeichen „#“ anzubringen. Die Terz führt auf einen zwischen *f* und *g* liegenden Ton, den wir mit „*fis*“ bezeichnen wollen. Die Septime führt auf einen zwischen *c'* und *d'* liegenden Ton, den wir „*cis'*“ nennen wollen. Nach der eingangs gestellten Forderung ergibt sich die Verhältniszahl f_1 dieses Tones aus dem Produkt $f_1 = 27 \cdot \frac{15}{8} = 50{,}625$ (vgl. S. 55f.).

Nun soll geprüft werden, ob man den eingeschalteten Ton *cis'* mit der Verhältniszahl 50,625 zum Grundton einer Tonleiter erheben kann, ohne das bisherige Tongefüge dabei zu zerstören. Die von *cis'* genommene große Terz führt auf *f'*, dessen Verhältniszahl nach dem bisherigen Tonleiteraufbau gleich 64 zu setzen ist. Multipliziert man jedoch f_1 mit der einer großen Terz entsprechenden Verhältniszahl, so ergibt sich $\frac{405}{8} \cdot \frac{5}{4} = 63{,}28125$ statt 64. Das von uns eingeführte *cis'* kann also nicht als Grundton einer Tonleiter postuliert werden, ohne sich in Widerspruch zu den bisher festgelegten Verhältniszahlen zu setzen.

Eine umständliche Lösung, die allerdings zu anderen Kompromissen zwingt, besteht darin, die zwischen *c'* und *d'* eingeschaltete schwarze Taste noch in zwei Abschnitte zu zerlegen. Der vordere Abschnitt befriedigt die Forderung, eine reine Septime bezüglich des Tones *d* zu liefern; der hintere Abschnitt erfüllt die Bedingung, mit *f'* die reine große Terz zu bieten. Die Verhältniszahl 64 für *f'* ist danach mit dem Bruch 4/5 zu multiplizieren. Man erhält $f_2 = 64 \cdot \frac{4}{5} = 51{,}2$. Der so gefundene Ton ist Grundton einer Tonleiter, die man mit *des*-Dur bezeichnet. An der Klaviatur ist leicht abzulesen, daß auch die Töne *e*, *g*, *a* und *h* in entsprechender Weise zu vermindern wären. Im Notenbild hat diese Tonleiter fünf „*b*" als Versetzungszeichen. Die Frequenzen der beiden Töne, mit denen die schwarze Taste zwischen *c'* und *d'* zu belegen ist, verhalten sich wie 2025 : 2048.

Tatsächlich sind in früherer Zeit Tasteninstrumente gebaut worden, bei denen durch Zweiteilung der Tasten eine Annäherung an die reine diatonische Stimmung bei Wahrung der Modulationsfähigkeit erzielt wurde. Abbildung 35 zeigt die Klaviatur eines Chlavichordes aus dem fundamentalen Werk von *Marin Mersenne* (1588–1648) mit dem Titel „Harmonie universelle", bei dem die Oktave sogar in 19 Tonschritte aufgeteilt worden ist. Die Zweiteilung der schwarzen Tasten der Klaviatur in der hier abgeleiteten Weise nach

$$c \left(\frac{des}{cis}\right) d \left(\frac{es}{dis}\right) e\ f \left(\frac{ges}{fis}\right) g \left(\frac{as}{gis}\right) a \left(\frac{b}{ais}\right) h\ c'$$

beeinträchtigt die Spielbarkeit des Instrumentes negativ. Außerdem vermag auch ein so gebautes Instrument nicht die Modulationsfähigkeit voll herzustellen. Bei konsequentem Aufbau aller Tonleitern nach dem diatonischen Stimmungsprinzip stößt man immer wieder auf unlösbare Diskrepanzen, die sich auch durch weitere Unterteilungen der Tasten nicht beheben lassen. Bereits Mersenne hatte eingesehen, daß man hier Abstriche bezüglich der Reinheit der Intervalle vornehmen muß, um ein spielbares Tasteninstrument entwickeln zu können. Diese Abstriche müssen sich natürlich in erträglichen Grenzen halten.

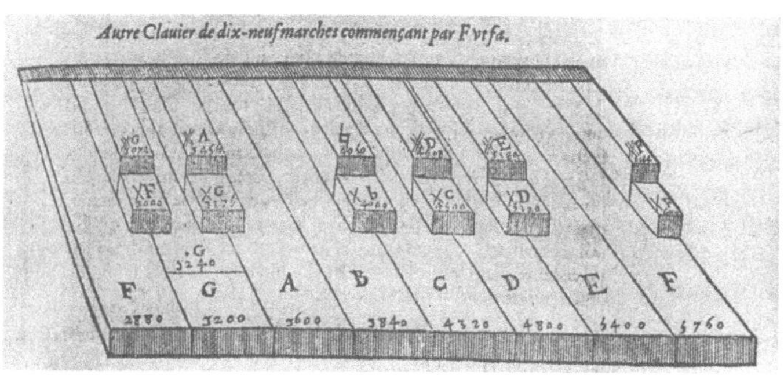

Abb. 35. Klaviatur eines Klavichordes mit 19 Tonschritten in der Oktave aus Marin Mersennes „Harmonie universelle"

Als erstes bleibt die Forderung bestehen, die Oktave rein zu bieten. Sowohl bei der pythagoreischen als auch bei der diatonischen Tonleiter gibt es fünf ganze und zwei halbe Tonschritte, wobei die Worte „ganz" und „halb" nicht im mathematischen Sinn zu werten sind. Bei der diatonischen Tonleiter hat man noch zwischen großen und kleinen ganzen Intervallen zu unterscheiden. Es liegt nahe, die den beiden Tonleitern lagemäßig gemeinsamen fünf ganzen Tonschritte durch Einschalten je eines Zwischentones in halbe Tonschritte aufzuteilen. Am Instrument sind daher innerhalb einer Oktave nicht mehr sieben Tonschritte unterschiedlicher Weite, sondern insgesamt zwölf Tonschritte einzubauen. Da ferner jeder dieser zwölf Töne als Grundton einer Tonleiter einsetzbar sein soll, bleibt keine andere Lösung, als den Tonschritten eine einheitliche Größe zu geben.

Zwei Tonintervalle sind aber für unser musikalisches Empfinden genau dann gleich, wenn die Quotienten ihrer Frequenzen miteinander übereinstimmen. Andererseits soll sich die Frequenz – auf zwölf Tonschritte gleich verteilt – verdoppeln. Beide Forderungen sind erfüllt, wenn der Quotient der Schwingungszahlen zweier benachbarter, sonst beliebig wählbarer Töne $q = \sqrt[12]{2}$ ist, denn es muß gelten $q^{12} = 2$. Geht man also von einem Ton mit der Frequenz f um einen ganzen Ton höher, so gehört zu diesem die Frequenz fq^2, während beim Fortschreiten um einen halben Ton die neue Frequenz bei fq liegt. Übernimmt man in die neue Tonleiter den Wechsel von Ganz- und Halbtonschritten aus der pythagoreischen und diatonischen Tonleiter, so ergibt sich folgende Lösung für die Verhältnisse der Tonfrequenzen:

c	d	e	f	g	a	h	c'
1	$\sqrt[6]{2}$	$\sqrt[3]{2}$	$\sqrt[12]{2^5}$	$\sqrt[12]{2^7}$	$\sqrt[4]{2^3}$	$\sqrt[12]{2^{11}}$	2

Die Wurzelausdrücke lassen noch keinen rechten Vergleich mit den Verhältniszahlen der pythagoreischen und diatonischen Tonleiter zu. Wir werden deshalb die drei hier behandelten Tonleitern mit Dezimalzahlen (5 Stellen nach dem Komma) darstellen und dem Grundton wieder die Zahl 1 zuordnen:

	pythagoreische Stimmung	diatonische Stimmung	temperierte Stimmung
c	1	1	1
d	1,12500	1,12500	1,12246
e	1,26563	1,25000	1,25992
f	1,33333	1,33333	1,33484
g	1,50000	1,50000	1,49831
a	1,68750	1,66667	1,68179
h	1,89844	1,87500	1,88775
c'	2	2	2

Die Zusammenstellung zeigt unverkennbar, daß die zuletzt eingeführte temperierte Stimmung vermittelnd zwischen der pythagoreischen und der diatonischen liegt. Bei keinem der acht Töne zeigt die hier konstruierte Tonleiter eine wesentliche Abweichung von den zuvor behandelten Tonleitern. Die außerordentliche Überlegenheit der temperierten Stimmung liegt jedoch darin begründet, daß sie den Bau von Instrumenten fester Tonlage mit optimaler Modulationsfähigkeit ermöglicht. Bei den Klaviaturen derart gestimmter Instrumente ist die Tastenanordnung für die anschlagbaren Töne so getroffen, daß jede Tonart technisch spielbar ist. Die fünf nachträglich in der C-Dur-Tonleiter eingeschobenen Zwischentöne erklingen durch Anschlagen der schwarzen Tasten, die etwas kleiner und kürzer ausgebildet aus dem ebenen Feld der weißen Tasten herausragen. Die Frequenzen der Tonleitern sind in Abbildung 36 graphisch dargestellt.

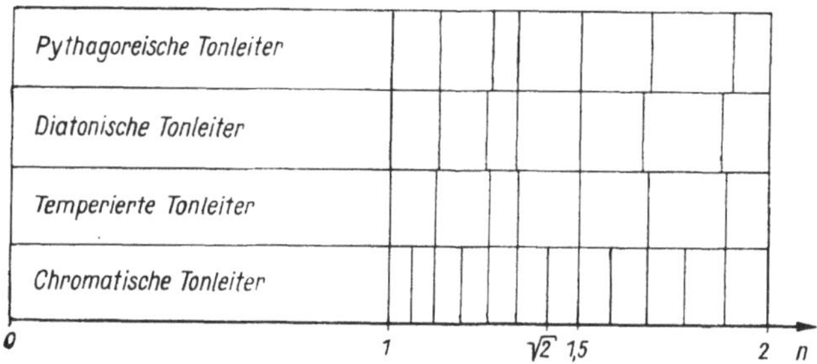

Abb. 36. Graphische Darstellung der Frequenzen von pythagoreischer, diatonischer, temperierter und chromatischer Tonleiter

Schlägt man sämtliche verfügbaren Klaviertasten der Reihe nach von unten nach oben laufend an, erklingt die chromatische Tonleiter. Das Intervall zweier Nachbartöne aus der Tonfolge wird durch den Quotienten $q = \sqrt[12]{2}$ numerisch erfaßt. Auf zehn Dezimalstellen gerundet heißt diese Zahl $q = 1{,}0594630944$. Den zwölf innerhalb einer Oktave liegenden Tönen sind folgende Verhältniszahlen zuzuordnen, wenn man den Grundton mit der Zahl 1 belegt (Abb. 37).

Mit dieser Klaviatur ist auch aus der Sicht der Spieltechnik die Forderung erfüllt, daß jeder verfügbare Ton des Instrumentes zum Grundton einer spielbaren Tonleiter mit gut anschlagbaren Akkorden gemacht werden kann. Wählt man beispielsweise *e* als Grundton, so lautet die zugehörige Dur-Tonleiter in temperierter Stimmung: *e – fis – gis – a – h – cis' – dis' – e'*. Ist *f* der Grundton, ergibt sich für die zugehörige Dur-Tonleiter: *f – g – a – b – c' – d' – e' – f'*. Man kann sich leicht übungsweise weitere Beispiele von Tonleitern in temperierter Stimmung

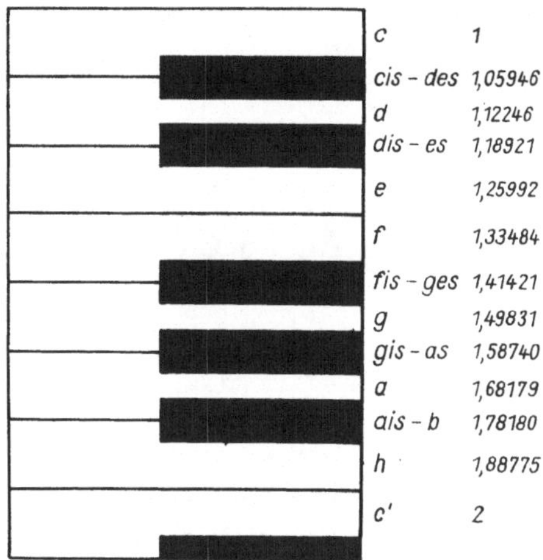

Abb. 37. Klaviatur zur temperierten Stimmung mit relativen Schwingungszahlen über einer Oktave

zusammensetzen und dabei überlegen, welche Versetzungszeichen beim Eintragen in Notenlinien anzubringen wären.
Die in der temperierten Stimmung vollzogene Identifizierung von *cis* und *des*, *dis* und *es*, *fis* und *ges*, *gis* und *as*, *ais* und *b* nennt man „enharmonische Verwechslung". Aus der Sicht der Forderung nach Reinheit der Intervalle im Sinne des diatonischen Stimmungsprinzips war diese Unterscheidung berechtigt. Bei solistischen Darbietungen von Geigenvirtuosen kommt mit der Reinheit der gespielten Intervalle diese Differenzierung der Töne wieder zur Geltung.
Eine erste Anregung für die „gleichschwebend temperierte" Stimmung gab bereits 1482 der gebürtige Spanier *Bartolomé Ramos* (um 1440–1491) zu Bologna in seinem Buch „De musica tractatus". Eine mathematische Ausarbeitung dieses Stimmungsprinzips enthält das schon erwähnte Buch „Harmonie universelle" des französischen Mathematikers Mersenne (Abb. 38, 39). Es bedurfte allerdings noch vieler Anstrengungen, bis alle Vorbehalte gegen dieses Stimmungsprinzip bei Instrumentenbauern und Komponisten überwunden waren. Erstmalig fand diese Stimmung an der von *Arp Schnitger* für die St.-Jakobi-Kirche in Hamburg 1688 bis 1692 erbauten Orgel Anwendung. Bahnbrechend für die gleichschwebend temperierte Stimmung wirkte der Halberstädter Organist *Andreas Werckmeister* (1645

bis 1706) durch sein 1691 erschienenes Buch mit dem umfänglichen Titel: „Musikalische Temperatur, oder ...“ (Der vollständige Titel ist Abbildung 40 zu entnehmen.)

HARMONIE
VNIVERSELLE,
CONTENANT LA THEORIE ET LA PRATIQVE DE LA MVSIQVE.
Où il eſt traité des Conſonances, des Diſſonances, des Genres, des Modes, de la Compoſition, de la Voix, des Chants, & de toutes ſortes d'Inſtrumens Harmoniques.
Par F. MARIN MERSENNE de l'Ordre des Minimes.
Les caracteres de Muſique ſont de l'impreſſion de Pierre Ballard Imprimeur de la Muſique du Roy.

A PARIS,
Par RICHARD CHARLEMAGNE, ruë des Amandiers à la Verité Royalle.
M. DC. XXXVI.
Auec Priuilege du Roy, & Approbation des Docteurs

Abb. 38. Titelseite von Marin Mersennes „Harmonie universelle“

Johann Sebastian Bach trat gleichfalls als Komponist und virtuoser Organist mit allem Nachdruck für das neue Tonsystem ein. Seine Instrumente Klavichord und Spinett waren in entsprechender Weise gestimmt. Ferner schrieb er die berühmten

		Demitons égaux, I	*Demitons inégaux.* II
1	C	100,000	100,000.
			Demiton majeur
2	♯	105946	$106666\frac{2}{3}$
			moyen
3	B	112246	112500
			majeur
4	A	118921	120,000.
			mineur
5	×g	125993	125000.
			majeur
6	G	133481.	$133333\frac{1}{3}$
			majeur
7	×f	141422	$140947\frac{5}{9}$
			moyen
8	F	149830	150,000
			majeur
9	E	158741	160000
			mineur
10	×d	168179	$166666\frac{2}{3}$
			majeur
11	D	178172	$177777\frac{7}{9}$
			moyen
12	×c	188771	187500
			majeur.
13	C	200,000.	200,000.

Abb. 39. Erstdruck der relativen Schwingungszahlen der temperierten Stimmung in Marin Mersennes „Harmonie universelle"

achtundvierzig Präludien und Fugen für das „Wohltemperierte Klavier"[1]). Damit suchte er zu beweisen, daß auf dem gleichschwebend temperierten Instrument alle Tonarten technisch

[1]) Das Wort „Klavier" ist hier nicht im Sinne des heutigen Sprachgebrauchs zu verstehen. Gemeint ist die Klaviatur damals üblicher Tasteninstrumente wie Klavichord, Spinett, Orgel.

Musicalische Temperatur,

Oder

deutlicher und warer Mathematischer Unterricht/

Wie man durch Anweisung des

MONOCHORDI

Ein Clavier / sonderlich die Orgel-Wercke/
Positive, Regale, Spinetten/ und dergleichen wol tempe-
rirt stimmen könne/ damit nach heutiger manier alle Modi ficti
in einer angenehm- und erträglichen Harmonia mögen
genommen werden/

Mit vorhergehender Abhandlung

Von dem Vorzuge/ Vollkommen- und weniger Voll-
kommenheit der Musicalischen Zahlen/ Proportionen/
und Consonantien,

Welche bey Einrichtung der Temperaturen wohl in
acht zu nehmen sind:

Benebst einem darzugehörig-in Kupffer vorgebildeten
deutlichen und völligem

MONOCHORDO

beschrieben/ und an das Tages-Licht gegeben

Durch

Andreas Werckmeistern/ Stiffts-Hof-Orga-
nisten zu Quedlinburg.

Franckfurt und Leipzig/
In Verlegung Theodori Philippi Calvisii, Buch-Händler
in Quedlinburg/ ANNO 1691.

Abb. 40. Titelseite der Schrift von Andreas Werckmeister

spielbar sind, ohne daß dabei ungewollte Dissonanzen in den Akkorden und Verfälschungen in der Melodie auftreten. Sein Sohn *Carl Philipp Emanuel Bach* (1714–1788) führte den hartnäckigen Kampf für das neue musikalische Stimmungsprinzip weiter, wobei es viele Vorurteile zu überwinden galt. Noch 1852 schrieb *Hermann von Helmholtz* (1821–1894): „Wenn ich von meinem rein gestimmten Harmonium zu einem Flügel hinübergehe, klingt auf dem letzteren alles falsch und beunruhigend.“ Hierbei ist allerdings zu vermerken, daß dieses rein gestimmte Harmonium nur für eine bestimmte Tonlage die Akkorde in voller Reinheit lieferte.

Trotz aller Vorbehalte, die noch bis in die Mitte des vorigen Jahrhunderts gegen das neue Tonsystem vorgebracht wurden, hat es sich international durchgesetzt und beherrscht heute den gesamten Instrumentenbau. Von mathematischer, akustischer und technischer Seite war mit dem temperierten Stimmungsprinzip auch der Weg für die großen Klavierkomponisten und Virtuosen des 18., 19. und 20. Jahrhunderts bereitet. (Abb. 41).

Die gleichschwebend temperierte Stimmung, nach der heute in allen Konzertsälen der Welt musiziert wird, ist das Ergebnis jahrhundertelangen Suchens und Forschens, wozu die verschiedensten Völker wertvolle Beiträge geliefert haben. Wenn am Ende dieses langen Entwicklungsprozesses eine völlig unpythagoreische Lösung steht, so werden dadurch keinesfalls die Verdienste der Pythagoreer mit ihren ersten systematischen Untersuchungen zur Akustik geschmälert.

Abb. 41. *Ludwig van Beethovens* (1770–1827) Flügel aus seiner Wiener Zeit (Beethovenhaus Bonn)

11. Kammerton – Weber-Fechnersches Gesetz – Gesetze von Mersenne

Nachdem die Entwicklung der Verhältnisse der Schwingungszahlen von Dur- und Moll-Tonleiter zum Abschluß gelangt war, dauerte es noch geraume Zeit, bis man sich auch auf die Festlegung der absoluten Schwingungszahlen international einigte. Dies war als Voraussetzung notwendig, um dem Instrumentenbau definitive Richtlinien für die Bemaßung von Instrumenten (z. B. Längen der Pfeifen beim Orgelbau) geben zu können. So hatte *Andreas Silbermann* (1678–1734) bei der für das Straßburger Münster 1713 gebauten Orgel dem a^1 der Klaviatur die Frequenz 393 Hz zugeordnet. Hingegen entsprach auf Schnitgers Orgel für St. Jakobi in Hamburg dem a^1 die Frequenz von 489 Hz. Im Widerspruch zu beiden hatte *Michael Praetorius* (1571–1621) bereits im Jahre 1619 den Kirchenton a^1 für Norddeutschland mit 567 Hz festgelegt. Die wachsenden internationalen Verflechtungen des Musiklebens ließen es geboten erscheinen, eine allgemein verbindliche Festlegung der Tonskala auf eine bestimmte Lage innerhalb des Frequenzspektrums zu treffen.

Um zu einer internationalen Konvention über die absoluten Schwingungszahlen der Töne zu gelangen, ernannte die französische Regierung 1859 eine Kommission von Musikern und Physikern, die für eine einheitliche Regelung eine Empfehlung ausarbeiten sollte. Der Expertenvorschlag, das a^1 der Klaviatur mit 435 Hz zu belegen, erhielt in Frankreich Gesetzeskraft. Auch das internationale Musikleben stellte sich auf diesen „Kammerton" ein. Der Name „Kammerton" ist aus jener Zeit heraus zu verstehen, in der sich die Kammermusik zur selbständigen Instrumentalmusik entwickelte. Die getroffene Festlegung wurde 1885 in Wien bei einer Zusammenkunft von Musikexperten bestätigt. Allerdings erfolgte 1939 in London aus praktischen Erwägungen heraus eine Neufestlegung des Kammertons auf 440 Hz. Dies ist nun der Normalstimmton, den der Oboist vor Beginn eines Konzertes auf ein Zeichen des Konzertmeisters angibt. Nach dem scharfen und durchdringenden Ton der Oboe stimmen die übrigen Instrumentalisten ihre Blas- und Saiteninstrumente ein. Wegen ihrer Unempfindlichkeit in der

Tonlage gegenüber Temperaturschwankungen und Luftfeuchtigkeit ist die Oboe zur Einstimmung der übrigen Instrumente besonders geeignet. In der Kirchenmusik verwendete man einen höher liegenden Ton, den Chorton, als Stimmton. Kammerton und Chorton wurden lange Zeit nebeneinander verwendet.
Betrachten wir dies nun an der Klaviatur eines Klavieres. Diese umfaßt sieben Oktaven (Abb. 42). Der Kammerton a^1 liegt in der eingestrichenen Oktave, darüber liegen die zwei-, drei- und viergestrichene Oktave. Unterhalb der eingestrichenen Oktave

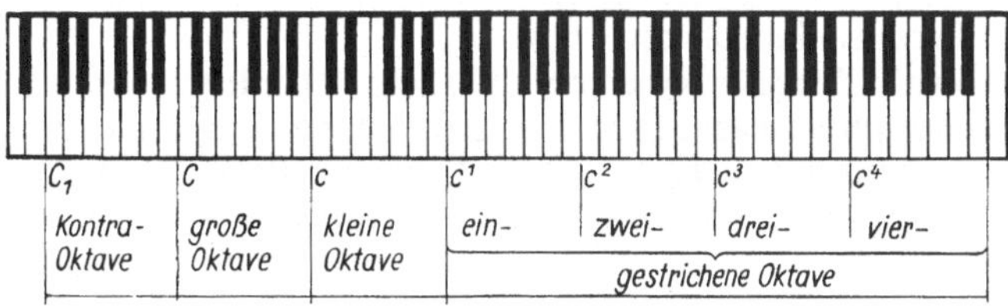

Abb. 42. Zusammenstellung der Oktaven eines Klaviers

liegen die kleine, die große, die Kontra- und die Subkontra-Oktave. Diese Benennungsgrenzen liegen jeweils zwischen h und c. Um vom Kammerton zum höchsten Ton a^4 des Klavieres zu gelangen, sind drei Oktaven zu überspringen. Diesem Ton ist daher die Frequenz $440 \cdot 2^3 = 3520$ Hz zuzuordnen. Um vom Kammerton zu dem in der Subkontra-Oktave liegenden Ton A_2 zu gelangen, sind vier Oktaven nach links zu überspringen. Dieser Ton besitzt daher die Frequenz $440 \cdot 2^{-4} = 27{,}5$ Hz, sehr nahe an der unteren Grenze der Tonempfindung des menschlichen Gehörs.
Die Kenntnis über die Frequenzen der Töne von Tonskalen erlaubt auch interessante Rückschlüsse auf die Art der Verarbeitung äußerer physikalischer Reize durch die menschliche Psyche. Schlägt man beispielsweise am Klavier der Reihe nach die Töne A_2, A_1, A, a, a^1, a^2, a^3, a^4 an, so hat man die Empfindung, auf einer akustischen Leiter Sprosse für Sprosse bis zum höchsten Ton emporzuklettern. Im Unterbewußtsein ist dabei die Vorstellung gegenwärtig, daß der Abstand zweier benachbarter Sprossen einer Leiter stets gleich ist. Eine Folge von Zahlen, bei der die Differenz zweier benachbarter Glieder konstant ist, nennt der Mathematiker arithmetische Folge.

Bildet man nun die Differenzen der Schwingungszahlen benachbarter Töne, so findet man, daß sich diese Differenzen von Oktave zu Oktave verdoppeln. Die der Tonfolge A_2, A_1, A, a, a^1, a^2, a^3, a^4 zuzuordnende Folge von Frequenzen bildet damit sicher keine arithmetische Zahlenfolge. Beim Übergang von einem Ton zu dem um eine Oktave höher liegenden Ton verdoppelt sich die Frequenz. Der Quotient der Frequenzen zweier aufeinander folgender Töne ist daher konstant, und eine Folge von Zahlen, bei der der Quotient zweier Nachbarglieder konstant ist, nennt der Mathematiker geometrische Folge. Die Akustik bietet uns hier ein interessantes Wechselspiel zwischen geometrischer und arithmetischer Folge.

Auch beim Abspielen einer chromatischen Tonleiter auf dem Klavier vermittelt das Gehör den Eindruck des Emporkletterns auf einer akustischen Leiter, deren Sprossen gleiche Abstände haben. Aus psychischer Sicht liegt eine arithmetische Folge von Empfindungen vor. Schreibt man jedoch die den Tönen zugeordnete Folge von Schwingungszahlen nacheinander auf, so entsteht eine geometrische Folge mit der Zahl $q = \sqrt[12]{2}$ als Quotient.

Das aus unseren Betrachtungen resultierende Ergebnis könnte man in folgendem Satz zusammenfassen:

Stellt eine Folge gleichartiger, zahlenmäßig erfaßbarer äußerer physikalischer Reize eine geometrische Folge dar, so setzt die menschliche Psyche diese Folge von Reizen in eine arithmetische Folge um.

Die Psyche des Menschen ist daher mit einer logarithmischen Funktion vergleichbar. Sucht man in einer Logarithmentafel zu einer geometrischen Zahlenfolge (z. B. 3, 6, 12, 24, 48) die entsprechenden dekadischen Logarithmen auf, so bilden diese eine arithmetische Folge, nämlich 0,47712; 0,77815; 1,07918; ....
Die Differenz zweier benachbarter Zahlen ist $\lg 2 = 0{,}30103$.

Der logarithmische Charakter unserer Empfindungen beim Abspielen von Tonleitern bestätigt sich auch beim Hintereinanderschalten zweier beliebiger Tonintervalle. Spielt man von einem Grundton ausgehend zunächst die Quarte und daran anschließend die Quinte, so ergibt sich als Summe dieser Intervalle die Oktave. Physikalisch entspricht der Quarte das Zahlenverhältnis 4 : 3, der Quinte das Zahlenverhältnis 3 : 2 und der Oktave das Verhältnis 2 : 1. Der Summe der Intervalle auf der Klaviatur entspricht das Produkt der entsprechenden Verhältniszahlen.

Die hier an Beispielen aus der Akustik aufgezeigte Gesetzmäßigkeit wird nach ihren Entdeckern *Ernst Heinrich Weber* (1795–1878) und *Gustav Theodor Fechner* (1801–1887) das Weber-Fechnersche Gesetz genannt. Wegen des Bestehens von Reizschwellen in unserer Psyche gilt dieser mathematisch faßbare psychophysische Zusammenhang nur innerhalb gewisser Bereiche.

Zum Abschluß dieses Abschnittes soll noch auf einige Probleme eingegangen werden, die besonders beim Bau von Klavieren und Konzertflügeln mit ihrer großen Tonspanne (bis zu $7^1/_4$ Oktaven) zu bewältigen sind. Würde man zum Bau eines Flügels nur Saiten aus einem bestimmten Material zulassen, so müßten sich die Saitenlängen für den höchsten und den tiefsten Ton gemäß den experimentellen Befunden am Monochord wie 150 : 1 verhalten. Allein für den Anschlagmechanismus der Saiten und für die Gestaltung des Korpus ergäben sich daraus unlösbare Schwierigkeiten. Durch einen Blick in das Innere eines Flügels kann man sich davon überzeugen, daß für tiefe Töne stärkere Saiten aus schwerem Material und für hohe Töne dünne Saiten Verwendung finden. Dabei sind den tieferen Tönen nach wie vor längere Saiten zugeordnet als den höheren Tönen. Die Auswahl der Saitenstärke erfolgt nach einem Gesetz von Mersenne, das im folgenden als drittes aufgeführt wird.

Ferner sind die Spannkräfte der Saiten beim Klavier- und Flügelbau nicht nur ein akustisches, sondern auch ein statisches Problem. Der Stahlrahmen eines modernen Konzertflügels hat die Spannkräfte von etwa 200 Saiten aufzunehmen. Daraus resultiert eine Gesamtkraft, die dem Gewicht von etwa 30 t entspricht. Dieser Kraft muß der Rahmen, in dem die Saiten aufgespannt sind, ohne die geringste Verbiegung widerstehen. Einer solchen Dauerbelastung würde ein Holzrahmen, wie er beim Bau von Klavichorden Verwendung fand, niemals gewachsen sein. Wegen ihrer fundamentalen Bedeutung für den Bau aller Saiteninstrumente sollen hier die Gesetze über schwingende Saiten zusammengefaßt werden:

1. Die Schwingungszahl einer Saite ist bei unveränderter Spannung umgekehrt proportional der zur Schwingung freigegebenen Länge (Gesetz von Pythagoras).
2. Die Schwingungszahl einer Saite ist bei feststehender Länge proportional zur Quadratwurzel der Saitenspannung.

3. Die Schwingungszahlen zweier verschiedenartiger Saiten gleicher Länge und Spannung sind umgekehrt proportional zur Quadratwurzel aus den Saitengewichten.

Diese Gesetze finden sich in M. Mersennes Werk „Harmonie universelle“, und sie werden daher Gesetze von Mersenne genannt.

Aus dem ersten Gesetz folgt zum Beispiel, daß die gegenseitigen Abstände der Bundstäbchen der Gitarre eine geometrische Folge bilden müssen, um die Modulationsfähigkeit des Instrumentes nach dem temperierten Stimmungsprinzip zu sichern. Das zweite und dritte Gesetz sind aus der Formel (3) in Abschnitt 5 für die Schwingungsdauer T ablesbar. Dies ist möglich, da man bei der reinen Schwingung einer Saite – ebenso wie beim Federschwinger – die Rückstellkraft proportional zur Auslenkung aus der Ruhelage setzen kann.
Wichtig ist, daß die Frequenz einer schwingenden Saite unabhängig von der Größe der Amplitude ist. Würde dies nicht erfüllt sein, so wären Saiteninstrumente für die musikalische Praxis unbrauchbar.

12. Resonanz

Die Funktionsweise von Instrumenten, aber auch der Hörvorgang des Menschen sind ohne die Kenntnis des Resonanzbegriffes nicht verständlich. Für die folgenden Betrachtungen gehen wir wieder von einem Modell der Mechanik aus. Den experimentellen Befund liefern zwei Fadenpendel A und B mit gleicher Pendelmasse und Pendellänge l. Sie sind parallel nebeneinander in einem Abstand $a = l/3$ aufgehängt. Daher besitzen sie die gleiche Schwingungszeit und verfügen bei gleicher Amplitude auch über die gleiche Energie. Ferner ist zwischen den Pendeln A und B eine lose Kopplung hergestellt, wie dies durch Abbildung 43 verdeutlicht wird. Die von den Pendeln A und B in ihrer Ruhelage aufgespannte Ebene werde mit ε bezeichnet.

Abb. 43. Gekoppelte Pendel

Regt man nun das Pendel A zu einer mäßigen Schwingung an, wobei die Schwingungsebene senkrecht auf ε steht, so bleibt diese Bewegung nicht ohne Einfluß auf das Pendel B. Mit jeder Schwingung überträgt sich ein Teil der in dem Pendel A investierten Energie auf das Pendel B. Dies geht soweit, daß A völlig zur Ruhe kommt, während B mit der gleichen Amplitude schwingt, wie A zu Anfang des Experimentes. Nun gibt umgekehrt das Pendel B seine Energie an das Pendel A zurück. Ferner ist bei dem Vorgang zu beobachten, daß das anregende Pendel dem angeregten Pendel um eine Viertel-Schwingung voraus ist. Diese wechselweise Energieübertragung ginge immer weiter, würde sie nicht durch Reibungskräfte aufgezehrt und in Wärmeenergie umgewandelt. Pendelpaare dieser Art nennt man gekoppelte Pendel.

In der Akustik läßt sich etwas Analoges mit zwei Stimmgabeln gleicher Größe und gleicher Frequenz experimentell demonstrieren (Abb. 44). Bei geeigneter Versuchsanordnung kann die

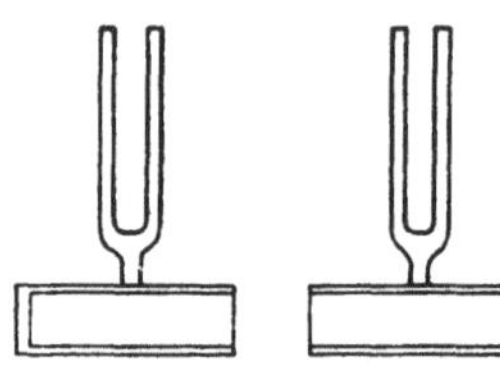

Abb. 44. Versuchsanordnung zur Resonanz zweier Stimmgabeln gleicher Frequenz

gesamte Schwingungsenergie der einen Gabel auf die andere übertragen werden, wobei die lose Kopplung zwischen den schwingungsfähigen Systemen gleicher Frequenz durch die Luft hergestellt wird.

Hält man eine schwingende Stimmgabel in das geöffnete Klavier und schaltet hierbei die Dämpfung durch Treten des entsprechenden Pedals aus, so gerät jene Saite in vollkommene Resonanz zur Stimmgabel, deren Frequenz mit der der Stimmgabel identisch ist. Ein Tonerreger resoniert nur auf Töne seiner eigenen Frequenz, deshalb heißt diese Art der Resonanz „auswählende Resonanz".

Kehren wir aber zu unserer ursprünglichen Versuchsanordnung zurück und verkürzen wir die Länge des Pendels *A*. In Schwingung versetzt, tritt kein solches Wechselspiel mit dem Pendel *B* auf, d. h., es findet keine restlose Energieübertragung von *A* nach *B* oder umgekehrt statt.

Auf dem Prinzip der auswählenden Resonanz beruht auch der menschliche Hörvorgang (Abb. 45). Ein Ton tritt von der Ohrmuschel durch den Gehörgang auf das Trommelfell und bringt dieses in Schwingung. Diese wird durch Gehörknöchelchen (Hammer, Amboß, Linsenkörperchen, Steigbügel) auf das ovale Fenster des Vorhofes übertragen. Dadurch gerät die im Labyrinth befindliche Flüssigkeit in eine dem aufgenommenen Ton entsprechende Schwingung. Das Labyrinth setzt sich zusammen aus dem Vorhof, den Bogengängen und der Schnecke, in der sich die Scheidewand als eigentlicher tonempfindlicher Teil befindet. Der häutige Teil der Scheidewand und eine Reihe feinster Härchen, Cortisches Organ[1]) genannt, nehmen die Schwingungen dieser Flüssigkeit selektiv auf. Die Zahl der Fasern des Cortischen Organs beläuft sich auf etwa 5000, und jede spricht auf eine bestimmte Frequenz maximal an. An dieser Stelle unseres Ohres erfolgt also die auswählende Resonanz. An der Basis der Fasern münden die Enden der Gehörnerven ein, welche den durch Resonanz aufgenommenen Reiz zum Gehirn weiterleiten.

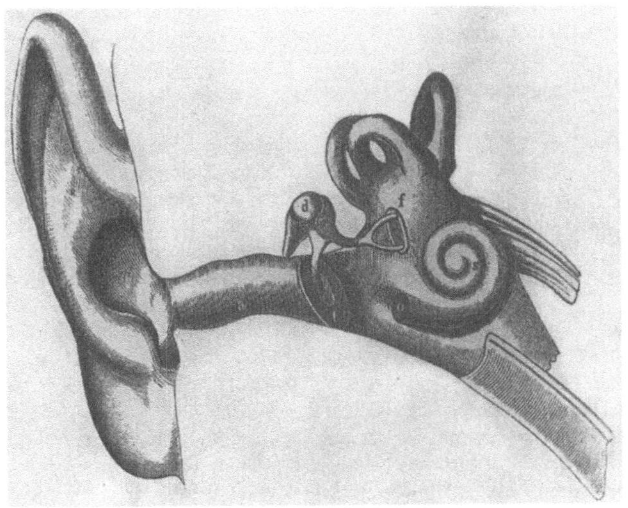

Abb. 45. Menschliches Hörorgan (äußerer Gehörgang *a*, Trommelfell *t*, Hammerkopf *d*, Amboßkörper *e* mit anschließendem Steigbügel, ovales Fenster *f* mit anschließendem innerem Ohr, Schnecke *S* mit rundem Fenster *o*)

Die auswählende Resonanz kann jedoch sowohl in der Technik als auch in der Musik zu unerwünschten und unerwarteten Effekten führen. Zum Beispiel ist beim Hochziehen der Tourenzahl eines Elektromotors zu beobachten, wie gewisse mit dem Motor fest verkoppelte Teile in einem bestimmten Drehzahlbereich mitschwingen. Hängebrücken besitzen bestimmte

[1]) Zuerst von *Alfonso Corti* (1822–1876) genauer beschrieben.

Eigenfrequenzen, auf die sie mitunter sehr empfindlich reagieren. Wirkt eine äußere Kraft mit der gleichen Frequenz auf diese Brücke, so können extreme Belastungszustände bereits durch geringen Energieaufwand erzeugt werden.
Im Instrumentenbau wird beim Vibraphon die auswählende Resonanz zielgerichtet verwendet. Unter jedem Klangstab des Instrumentes befindet sich ein oben offenes und unten geschlossenes zylindrisches Rohr. Klangstab und Rohr sind so aufeinander abgestimmt, daß die Rohrlänge gerade einem Viertel der vom Klangstab erzeugten Wellenlänge entspricht. Die im Rohr

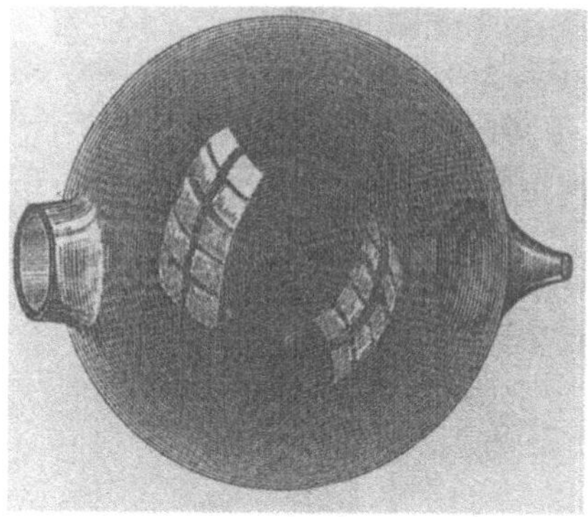

Abb. 46. Helmholtz-Resonator

enthaltene Luftsäule wird vom Klangstab derart zu einer stehenden Welle angeregt, daß am unteren Ende ein Wellenknoten und am oberen Ende ein Wellenbauch entsteht. Einem Klangstab mit der Frequenz 440 Hz wäre beispielsweise ein Resonanzrohr von 19,5 cm Länge zuzuordnen.
Auf dem gleichen Prinzip wie diese Resonanzrohre beruht der Helmholtz-Resonator, welcher für Klanganalysen verwendet wurde, bevor die Hilfsmittel der modernen Elektronik zur Verfügung standen (Abb. 46). Aus der Erfahrung, daß eine Orgelpfeife, deren Weite bezogen auf die Länge sehr groß ist, außer dem Grundton nur äußerst schwache Obertöne liefert, gab Helmholtz seinem Resonator die Gestalt einer Hohlkugel. Eine kreisförmige Öffnung in der Kugel dient zum Schalleintritt; gegenüber befindet sich eine nach außen gezogene offene Spitze, die unter Abdichtung gegen andere akustische Einflüsse in den

Gehörgang eingeführt wird. Hat die Hohlkugel den Durchmesser d, so wird von dem Resonator aus jedem Geräusch oder Klang genau jener Ton ausgesondert, dessen Wellenlänge $\lambda = 4d$ ist. Ein Resonator mit $d = 19{,}5$ cm als Durchmesser sondert aus jedem Geräusch den Kammerton aus, während er für alle anderen Frequenzen nicht aufnahmefähig ist. Mit einer Serie solcher Resonatoren verschiedener Größe hat Helmholtz Klanganalysen durchgeführt, u. a. auch mit der menschlichen Stimme.

Wird Musik elektroakustisch verstärkt, beispielsweise durch Lautsprecher, so ist zu fordern, daß die Verstärkungsmembran keine Eigenfrequenz besitzt. Andernfalls werden bestimmte Tonlagen verstärkt, andere aber abgeschwächt wiedergegeben, was zu einer verfälschten Tonwiedergabe führt.

Für den Instrumentenbau ist die nicht-selektive allgemeine Resonanz von Bedeutung. Sie liegt dann vor, wenn der Resonanzkörper, auch Korpus genannt, auf alle Töne eines gewissen, für das Instrument typischen Bereiches in annähernd gleicher Weise ansprechbar ist. Am deutlichsten ist dies wohl bei Streichinstrumenten realisiert. Die Violine besitzt wegen ihrer Bestimmung für hohe Tonlagen einen kleinen Korpus, der Kontrabaß ist infolge seines großen Resonanzkörpers für die tiefen Tonlagen prädestiniert. Saitenmaterial und Saitenspannung müssen natürlich auf den Zweck des Instrumentes abgestimmt sein. Bezogen auf Größe und Tonlage ist zwischen beiden Instrumenten das Violoncello einzuordnen. Wertvolle Geigen zeichnen sich dadurch aus, daß sie die hohen Obertöne der Saiten besonders klangvoll wiedergeben. Auch bei Blasinstrumenten besteht eine ähnliche Korrelation zwischen der Größe des Resonanzrohres und der dem Instrument zugeordneten Tonlage. Bei Glockenspielen findet man eine analoge Relation zwischen Glockengröße und Tonhöhe, und Abbildung 47 zeigt, daß auch die Aufhängung der Geläute optisch ansprechend möglich ist.

Der Resonanzeffekt soll hier am Beispiel einer federnd aufgehängten Punktmasse mathematisch behandelt werden. Sind m die Masse des schwingenden Körpers, k die Federkonstante, μ der Reibungskoeffizient bei der Bewegung und y das Maß für die momentane Auslenkung von m aus der Ruhelage, so gilt für

die Federkraft $F_F = -ky$ und für die

Reibungskraft $F_R = -\mu\dot{y}$. (1)

Abb. 47. Meißner Porzellanglockenspiel am Dresdner Zwinger

Daher besteht zunächst die folgende Gleichgewichtsbedingung

$m\ddot{y} = F_F + F_R \cdot$ oder

$$m\ddot{y} + \mu\dot{y} + ky = 0. \tag{2}$$

Diese homogene Differentialgleichung (2) besitzt im Falle schwacher Dämpfung ($4km > \mu^2$) die allgemeine homogene Lösung

$$y_h = (C_1 \cos \omega t + C_2 \sin \omega t)\, e^{-\frac{\gamma}{2}t} \tag{3}$$

mit

$$\gamma = \frac{\mu}{m} > 0, \; \omega_0^2 = \frac{k}{m} > 0$$

und der Systemfrequenz $\omega = \sqrt{\omega_0^2 - \left(\frac{\gamma}{2}\right)^2}$.

Diese gedämpfte Schwingung klingt wegen $\gamma > 0$ mehr oder weniger schnell ab.
Wirkt nun außerdem eine äußere periodische Kraft $F = F(t)$ von der Art $F(t) = F_0 \cos \omega_a t$ mit der maximal wirksamen Kraft F_0 und der Kreisfrequenz ω_a auf die Feder ein, so resultiert die Bewegungsgleichung (Abb. 48)

$$\ddot{y} + \gamma \dot{y} + \omega_0^2 y = \frac{F_0}{m} \cos \omega_a t. \tag{4}$$

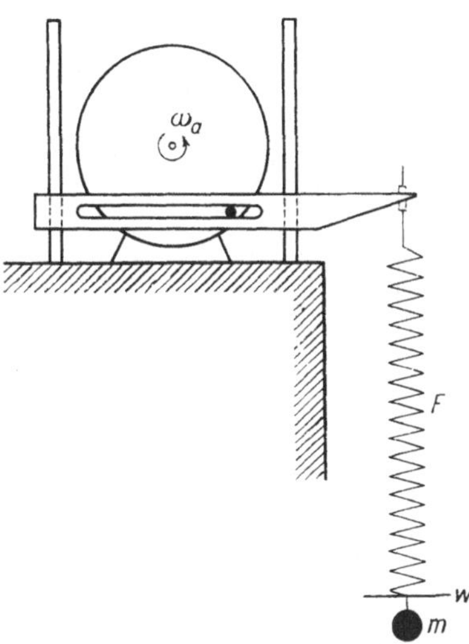

Abb. 48. Versuchsanordnung zur Demonstration der erzwungenen gedämpften Schwingung (Pendelmasse m, Widerstandsscheibe W, Feder F, Kreisfrequenz ω_a)

Für die partikuläre Lösung y_p dieser Differentialgleichung (4), auf die sich der Schwingungsvorgang mehr oder weniger schnell einspielt, ergibt sich nach einigen Zwischenrechnungen

$$y_P = \frac{F_0}{m\sqrt{\Delta}} \cos(\omega_a t - \varphi) \tag{5}$$

mit $\Delta = (\omega_0^2 - \omega_a^2)^2 + \omega_a^2 \gamma^2$.

Zunächst interessiert die Amplitude $y_{max} = \dfrac{F_0}{m\sqrt{\Delta}}$ der Schwingung in Abhängigkeit von der durch die äußere Kraft aufgeprägten Kreisfrequenz ω_a. Bei Untersuchungen der Resonanzerscheinung ist es jedoch üblich, statt y_{max} die dynamische Empfindlichkeit $\varkappa$ des Systems zu betrachten. Die Definition von $\varkappa$ folgt aus der Gleichung

$$y_{max} = \frac{F_0}{m\sqrt{\Delta}} = \varkappa F_0, \qquad \varkappa = \frac{1}{m\sqrt{(\omega_0^2 - \omega_a^2)^2 + \omega_a^2\gamma^2}}. \tag{6}$$

Abbildung 49 verdeutlicht, daß die dynamische Empfindlichkeit $\varkappa$ nahe bei ω_0 (der Kreisfrequenz des Systems) ein Maximum besitzt. Mittels einer Extremwertbetrachtung kann gezeigt werden, daß die Abszisse des Maximums der Resonanzkurve links von ω_0 liegt. Je stärker die Dämpfung γ der erzwungenen Schwingung ist, desto mehr verschiebt sich die Abszisse des Maximums gegen den Ursprung. Die Resonanzkurve ist hier

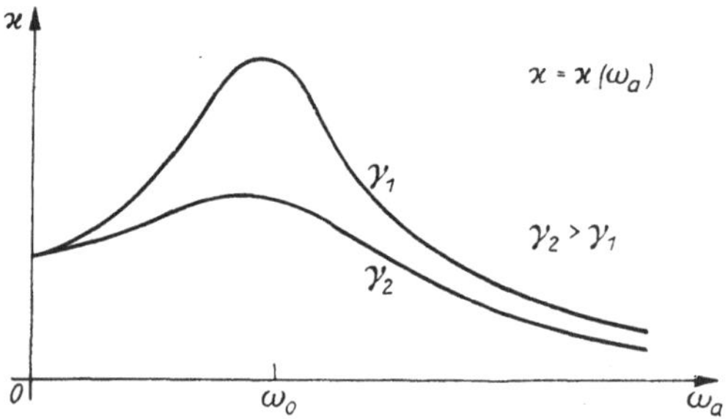

Abb. 49. Dynamische Empfindlichkeit $\varkappa$ in Abhängigkeit von ω_a für den Fall starker und schwacher Dämpfung γ

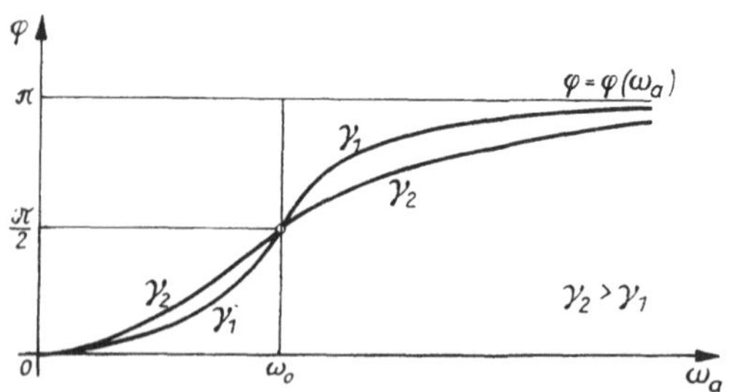

Abb. 50. Phasenverschiebung φ in Abhängigkeit von ω_a für den Fall starker und schwacher Dämpfung γ

für zwei verschiedene Dämpfungsbeiwerte γ_1 und γ_2 dargestellt. Man kann ablesen, daß das Maximum für schwache Dämpfung schärfer ausgeprägt ist als für starke Dämpfung. Bei starker Dämpfung ist das Maximum der Resonanzkurve in die Breite gezogen.

Welche Folgerungen ergeben sich daraus für die Akustik? Bei Saiteninstrumenten überträgt sich die Schwingung der Saite zunächst auf den Korpus, d. h., die dämpfende Funktion fällt hier der umgebenden Luft zu. Je größer die Dämpfung eines Klangkörpers durch die Luft ist, desto besser vollzieht sich die Energieübertragung vom Instrument auf den Raum. Eine isoliert im freien Raum schwingende Saite wird nur wenig gedämpft, weil sie im Raum keinen resonanzfähigen Körper findet, an den sie die Energie abgeben kann.

In der partikulären Lösung findet sich unter der Kosinusfunktion noch das Winkelargument φ. Dieses gibt die Phasenverschiebung des schwingenden Massenpunktes gegenüber der durch $F = F(t)$ aufgeprägten Frequenz an. Eine hier nicht ausgeführte Zwischenrechnung liefert

$$\varphi = \begin{cases} \arctan \dfrac{\omega_a \gamma}{\omega_0^2 - \omega_a^2} & \text{für} \quad \omega_0 > \omega_a, \\ \dfrac{\pi}{2} & \text{für} \quad \omega_0 = \omega_a, \\ \pi + \arctan \dfrac{\omega_a \gamma}{\omega_0^2 - \omega_a^2} & \text{für} \quad \omega_0 < \omega_a. \end{cases} \tag{7}$$

Der zugehörige Graph verdeutlicht die Phasenverschiebung φ in Abhängigkeit von der aufgeprägten Kreisfrequenz ω_a. Ist $\omega_0 = \omega_a$, so liegt zwischen der anregenden Schwingung und der angeregten Schwingung die Zeitdifferenz einer Viertelschwingung. Dieser Fall läßt sich mit einem Fadenpendel leicht demonstrieren. Für größer werdendes ω_a nähert sich die Phasenverschiebung von unten dem Grenzwert π. Bemerkenswert ist weiterhin, daß die Kurve für starke Dämpfung einen flacheren Anstieg besitzt als für schwache Dämpfung (Abb. 50).

13. Schallreflexion - Raumakustik

Die Güte der Akustik eines größeren Raumes, eines Konzert- oder Theatersaales, wird entscheidend von den Erscheinungen der Resonanz und der Schallreflexion mitbestimmt, sofern man sich bei der Tonwiedergabe keiner elektroakustischen Hilfsmittel bedient. In manchen Räumen springt der sprichwörtliche Funke vom Künstler zum Publikum besonders leicht über, und dies wirkt dann wieder beflügelnd auf die Interpreten von Wort und Musik. In anderen Konzertsälen hingegen bleibt die Atmosphäre distanziert und kühl. Die musikalischen Darbietungen wirken trotz größter Anstrengungen trocken, und zwischen Künstler und Hörer kommt nun sehr zögernd ein Kontakt zustande.

Von wesentlichem Einfluß auf die Art dieser Wechselbeziehungen sind – abgesehen vom Inhalt der Darbietungen – zweifellos die akustischen Qualitäten des betreffenden Raumes. Als Beispiel sei das frühere Gewandhaus in Leipzig genannt. Hier stand das Orchester auf einer erhöhten Bühne, die durch Holzbalken mit der Vertäfelung der Seitenwände des Saales verbunden war. Die Wände fungierten dadurch als große Resonanzböden, und dies mag mit dazu beigetragen haben, daß das Gewandhaus zur Stätte vieler bedeutender Konzertereignisse und erfolgreicher Erstaufführungen der Leipziger Musikgeschichte geworden ist. Trotz vieler Erfahrungen sind bei der Projektierung eines Konzertsaales die raumakustischen Effekte im voraus nicht voll kalkulierbar. Es sprechen zu viele Komponenten mit, um hier nach einfachen Faustregeln projektieren zu können.

Wenden wir uns nun der Schallreflexion als einer wesentlichen Komponente zu! Eine Eigenschaft unseres Hörorgans besteht darin, daß es zwei gleichartige Signale, die weniger als 1/20 s Abstand voneinander haben, nicht mehr getrennt wahrnimmt. Sie verschmelzen zu einem Signal. In 1/20 s legt der Schall 17 m zurück. Spielt ein Orchester im Abstand bis zu 8,5 m vor einer den Schall gut reflektierenden Wand, so wird das Echo keinen störenden Einfluß für Musiker und Zuhörer haben, denn das Zeitintervall zwischen dem direkten Empfang des Tones und seinem Echo liegt in der Größenordnung von 1/20 s. Die Töne klingen dank dieses Echo-Effektes abgerundet und voll. Der menschlichen Sprache nimmt dieses kurzzeitige Echo die abgehackte Form. Sie klingt gefälliger, ohne an Verständlichkeit einzubüßen. Auch bei Musikmuscheln, die man in Kurparks vorfindet, ist die Schallreflexion mit einkalkuliert. Die Muschelform sorgt zusätzlich dafür, daß die Schallausbreitung vorzugsweise auf einen gewissen Winkelbereich beschränkt bleibt.

Die Schallreflexion an gekrümmten Flächen erfolgt nach den gleichen geometrischen Gesetzmäßigkeiten wie die Reflexion des Lichtes an gekrümmten Spiegelflächen. Entsprechend der geometrischen Optik gibt es auch eine geometrische Raumakustik, und wir wollen uns mit deren einfachsten Erscheinungen vertraut machen.

Von einer ebenen Wand werden die akustischen Wellen nach dem bekannten Reflexionsgesetz zurückgeworfen. Besitzt die Wand grobe Unebenheiten, die in der Größenordnung der Wellenlängen hoher Töne liegen, so tritt eine Scheidung der Töne auf. Während die tiefen, langwelligen Töne unverändert reflektiert werden, ist bei den hohen Tönen eine Streuung an der Wand zu verzeichnen. Säulen in einem Konzertsaal oder Pfeiler in einer Kirche wirken gleichfalls selektierend entsprechend den Wellenlängen der Töne. Die tiefen, langwelligen Töne umlaufen solche Hindernisse fast ungedämpft, während hohe Töne infolge einer Beugung an derartigen Hindernissen eine starke Dämpfung erfahren. Hörer, für die ein Chor oder die Orgel durch Pfeiler verdeckt sind, vernehmen infolge des Fehlens der hellen Obertöne nur eine verfälschte Wiedergabe des Gesanges bzw. der Musik.

Nun soll die Schallreflexion an einigen gekrümmten Flächen untersucht werden, die auch in der Optik von Interesse sind. Dazu gehören das Drehparaboloid, das zweischalige Hyperboloid, das Drehellipsoid und die sphärische Fläche. Auch der parabolische und der elliptische Zylinder werden Gegenstände unserer Betrachtung sein.

Die Form des Drehparaboloides ist dem technisch Interessierten vor allem aus der Nachrichtentechnik durch die parabolische Antenne geläufig. Bei diesem technischen Gerät, das auch in der Weltraumfahrt und in der Astrophysik zum Einsatz gelangt, kommt es darauf an, eine von elektromagnetischen Wellen getragene Information exakt gebündelt an ein bestimmtes Ziel auf der Erde oder im Weltraum zu senden. Andererseits dient die parabolische Antenne dazu, sehr energieschwache Informationen aus großer Entfernung mit einer möglichst großen Fläche einzufangen und die Trägerenergie auf einen Punkt zu konzentrieren, um sie dann mit der Gerätetechnik auszuwerten. Am einfachsten läßt sich diese fokussierende Wirkung eines Parabolspiegels mit Hilfe des Sonnenlichtes demonstrieren. Hält man ein Stück Papier in den Brennpunkt eines gegen die Sonne gerichteten Parabolspiegels, so wird es in wenigen Sekunden aufflammen. Die Meridiankurve eines Drehparaboloides ist eine Parabel, für die folgende planimetrische Definition gilt:

Der geometrische Ort aller Punkte der Ebene ε, deren Abstände von einem festen Punkt $F \in \varepsilon$, dem Brennpunkt, und einer festen Geraden l, der Leitgeraden, gleich groß sind, ist eine Parabel.

Die Senkrechte zu l durch den Punkt F ist die Symmetrielinie dieser Kurve, man nennt sie auch Parabelachse. Das Drehparaboloid entsteht durch Rotation der Parabel um diese Achse, und die von der Parabel her bekannten Fokaleigenschaften übertragen sich damit automatisch auf die Drehfläche (Abb. 51).

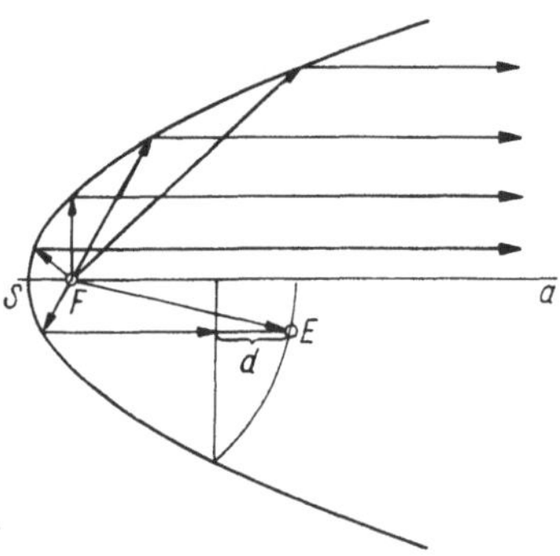

Abb. 51. Fokaleigenschaft der Parabel

Eine etwas verspielte Anwendung fand die fokussierende Wirkung parabolischer Flächen bezüglich der akustischen Wellen in Barockgärten der Adels. Beispielsweise sind im Schloßpark von Oliwa (VR Polen) noch zwei solche in Stein ausgeführte und als Muscheln stilisierte akustische Parabolspiegel erhalten geblieben, die eine Unterhaltung im Flüsterton über eine Entfernung von etwa 15 m ermöglichen. Im Louvre von Paris sind zwei antike, parabolisch geschliffene Marmorschalen aufgestellt und so justiert, daß ein in den Brennpunkt der einen Schale gesprochenes Wort nach Reflexion an der Decke des Raumes im Brennpunkt der anderen Schale vernehmbar ist. Die geringe Streuung und Schallabsorption von geschliffenem Marmor (1 : 100) beeinträchtigt die Verständlichkeit eines Wortes auch nach mehrmaliger Reflexion kaum.

Die Parabel läßt sich in ihrem Scheitelpunkt S durch einen Kreis, den Scheitelkrümmungskreis, sehr gut approximieren. Sein Mittelpunkt M liegt auf der Parabelachse. Man erhält M, indem die Strecke $\overline{SF}$ über F hinaus noch einmal abgetragen wird (Abb. 52). Der Radius des Scheitelkrümmungskreises ist

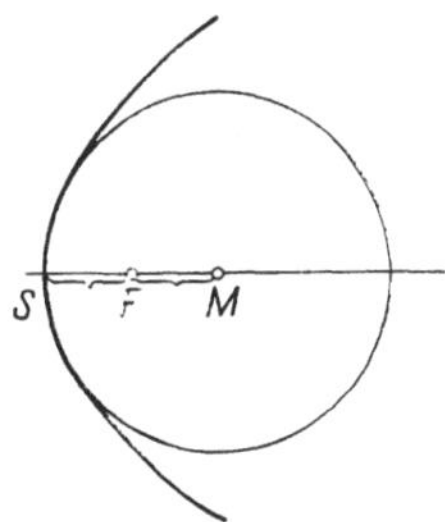

Abb. 52. Approximationskreis der Parabel in ihrem Scheitelpunkt

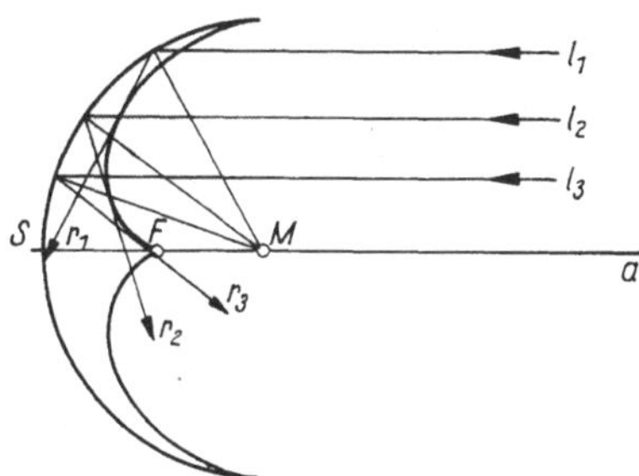

Abb. 53. Reflexion eines Parallelstrahlbüschels an einem Halbkreisbogen

gerade doppelt so groß wie die Brennweite des Parabolspiegels. Fällt auf den Halbkreis um S ein Strahlenbüschel parallel zur Parabelachse ein, so wird dieses nicht genau in den Brennpunkt F reflektiert, sondern die reflektierten Strahlen umhüllen eine Kurve, die ihre Spitze in F hat. Diese Hüllkurve heißt Katakaustik (Abb. 53). Für die in einer gewissen Umgebung von S einfallenden Strahlen ist die Sammelwirkung bei der Reflexion noch mit guter Näherung erfüllt. Bei Rotation des Kreisbogens um S mit der Parabelachse als Drehachse entsteht eine sphärische Fläche, für welche die Fokaleigenschaft zwar nicht exakt, aber doch noch mit guter Näherung erfüllt ist. Da sich sphärische Spiegel weniger aufwendig als Parabolspiegel herstellen lassen, begnügt man sich in den meisten Fällen mit diesen, wenn parallel einfallendes Licht auf einen Punkt konzentriert werden soll. Sphärische Flächen wirken aber auch in akustischer Hinsicht fokussierend. Bereits in der Antike waren die Sitzreihen der Amphitheater vielfach halbkreisförmig angeordnet. Das auf der Bühne, also im Mittelpunkt der Halbkreisschar, gesprochene Wort konnte so von allen Seiten in gleicher Weise gehört werden. Im Schloßpark von Kroměříž (ČSSR) wird eine 244 m lange Kolonnade an den Enden von zwei nach der Innenseite konkaven Zylinderflächen abgeschlossen (Abb. 54).

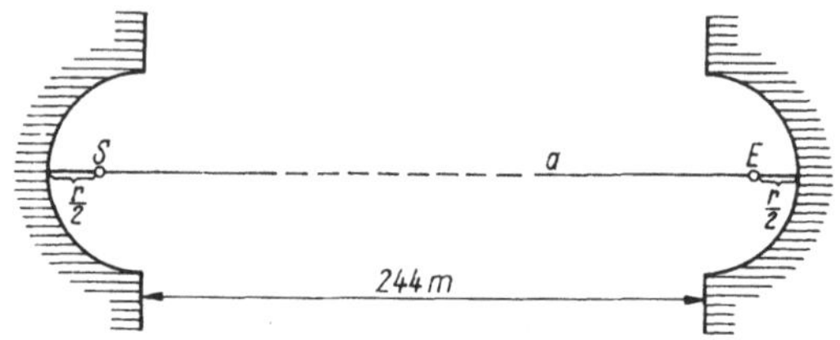

Abb. 54. Schallreflexion an zwei Halbzylinderflächen

Dort läßt sich bei Ausschaltung äußerer Störungen und Einhaltung bestimmter Distanzen für Mund und Ohr von den reflektierenden Flächen eine Unterhaltung von zwei Personen über diese Strecke von 244 m im Gesprächston führen. In der mittelalterlichen Justiz fanden schallfokussierende Bauelemente zur Belauschung vertraulicher Gespräche von Zeugen oder Angeklagten oft eine wenig rühmliche Verwendung.

Als wesentliche Erkenntnis wollen wir festhalten, daß ein gesprochenes Wort oder der Klang eines Instrumentes auch nach zweimaliger Reflexion an Wänden geeigneter Beschaffenheit noch deutlich vernehmbar sein kann.

Ein anderes Anliegen der Akustik besteht darin, daß nur ein gewisser räumlicher Winkelbereich, der etwa von einem Drehkegel mit bestimmtem Öffnungswinkel umfaßt wird, beschallt werden soll. Diese Forderung erfüllt eine Schale des zweischaligen Hyperboloides als Reflektorfläche in idealer Weise.

Die Meridiankurve eines zweischaligen Hyperboloides ist eine Hyperbel, für die folgende planimetrische Definition gilt: Der geometrische Ort aller Punkte einer Ebene ε, für die die Abstandsdifferenz von zwei festen Punkten F_1, $F_2 \in \varepsilon$ einen konstanten Betrag hat, ist eine Hyperbel.

Die Verbindungsgerade a der Punkte F_1 und F_2 ist die Symmetrieachse dieser Hyperbel.

Auch diese Kurve bewirkt eine fokussierende Strahlenreflexion. Ist F_1 die Quelle eines Strahlenbüschels, so wird sich ein Teil der Strahlen unbegrenzt verlängern lassen, ohne dabei die Hyperbel zu treffen. Die übrigen Strahlen, welche die Hyperbel treffen, werden in der Weise reflektiert, als sei F_2 das Ausbreitungszentrum dieser Strahlen. Die von F_1 ausgehenden Strahlen verlassen also bei Einhaltung des Reflexionsgesetzes nirgends den von den Asymptoten der Hyperbel aufgespannten Winkelbereich (Abb. 55).

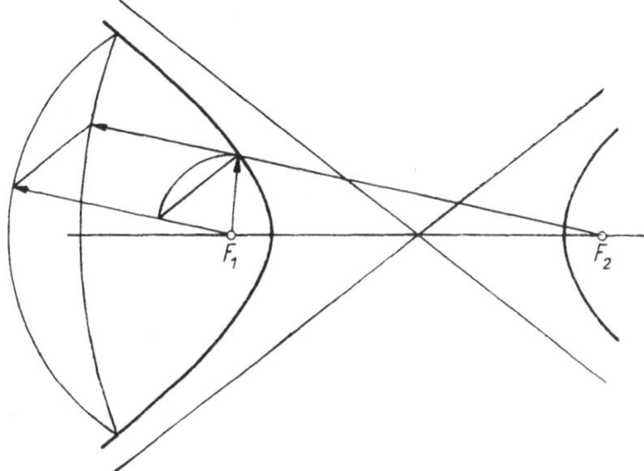

Abb. 55. Fokaleigenschaft der Hyperbel

Zur Übertragung dieser planimetrischen Überlegungen in den Raum lassen wir die Hyperbel um ihre Achse a rotieren. Auf diese Weise entsteht ein zweischaliges Hyperboloid, wobei für akustische Bedürfnisse der Ausschnitt einer Schale um deren Scheitelpunkt genügt. Die von F_1 ausgehenden Schallwellen werden für den Fall der Reflexion an der Fläche so zurückgeworfen, daß sich die Schallausbreitung auf einen gewissen Kegel, den Asymptotenkegel, beschränkt.

Lautsprecher sind vielfach so in ein glockenförmiges Gehäuse eingepaßt, daß die Schallausbreitung auf einen gewissen Winkelbereich des Raumes beschränkt bleibt. Im Theater soll die Souffleuse möglichst unbemerkt vom Publikum ihre hilfreiche Funktion für die Schauspieler erfüllen, weshalb sie verborgen hinter einer muschelförmigen Verkleidung sitzt, deren Innenwand im Idealfall die Schale eines zweischaligen Hyperboloides approximiert. Ihre akustische Wirksamkeit beschränkt sich damit

auf jenen kegelförmigen Raumanteil, in dem allein die Schauspieler agieren. In Kurgärten haben die bereits erwähnten muschelförmigen Überdachungen für das Orchester einen analogen Zweck zu erfüllen. Aus der Sicht der geometrischen Raumakustik ist die Idealform einer solchen Orchestermuschel ein Ausschnitt aus der Schale eines zweischaligen Hyperboloides.
Von Interesse für die Raumakustik ist weiterhin die Ellipse. Bereits im antiken Rom ließ Kaiser *Vespasien* (7–79) ein Amphitheater mit elliptischem Grundriß erbauen, das über 50000 Zuschauern Platz bot. Die Einweihung dieses Kolosseums (Abb. 56) erfolgte durch Kaiser *Titus* (39–81) im Jahre 80 u. Z. nach achtjähriger Bauzeit. Aus historischen Berichten ist belegbar, wie die Emotionen über das oft grausige Geschehen in der Arena hochgepeitscht wurden. Das innere Kampffeld selbst und alle Sitzreihen hatten elliptischen Grundriß, und obwohl das Kolosseum nach dem Niedergang des weströmischen Reiches über Jahrhunderte als Steinbruch benutzt worden war, kann man sich noch heute eine gute Vorstellung von den Ausmaßen und Sichtverhältnissen dieses antiken Bauwerkes verschaffen. Die elliptische Gestaltung ermöglichte nicht nur von fast allen Plätzen aus gute Sicht auf das Kampffeld, sondern es

Abb. 56. Kolosseum in Rom (Luftaufnahme)

bestand auch eine intensive Rückkopplung der Zuschauer untereinander. Dies mag mit eine Absicht der Herrschenden gewesen sein, die dem Volk mit grausamen Schaustellungen Ablenkung und Belustigung bieten wollten.
Da das römische Kolosseum mit seiner elliptischen Grundform kein Einzelfall ist, sondern noch viele Amphitheater aus dieser Zeit nach dem gleichen geometrischen Grundprinzip gestaltet wurden, lohnt es sich, einmal die Ellipse auf ihre fokussierenden Eigenschaften hin zu betrachten. Es besteht die Meinung, daß die Römer die elliptische Gestaltung von Amphitheatern von den Etruskern übernommen haben. Die Eigenschaften der Kegelschnitte Ellipse, Parabel und Hyperbel waren bereits in der Antike bekannt, und sicher verfügten die fähigsten Architekten der damaligen Zeit über diese Kenntnisse. Die Ellipsendefinition bilde den Ausgangspunkt unserer weiteren Betrachtungen:
Die Ellipse ist der geometrische Ort jener Punkte der Ebene ε, die von zwei festen Punkten F_1 und $F_2 \in \varepsilon$, den Brennpunkten, eine konstante Abstandssumme haben.
Die Verbindungsgerade a von F_1 und F_2 ist die Hauptachse der Ellipse; die auf der Hauptachse liegenden Ellipsenpunkte sind die Hauptscheitel. Die Abstandssumme des Ellipsenpunktes P von den Brennpunkten ist gleich dem Abstand der Hauptscheitel der Ellipse.
Aus dieser Definition folgt die wohl schon in der Antike bekannte „Gärtnerkonstruktion" der Ellipse. Zu ihrer praktischen Durchführung werden zwei Pflöcke in ein ebenes Feld geschlagen, und um diese beiden wird eine geschlossene Schnur lose herumgelegt. Führt man nun einen Stock mit seiner Spitze derart auf dem Feld entlang, daß die Schnur in jeder Stellung straff gespannt ist, so beschreibt die Stockspitze auf dem Boden eine Ellipse. Sind die Pflöcke weit voneinander entfernt, wird die Ellipse in Achsenrichtung stark gestreckt. Stehen die Pflöcke dicht nebeneinander und hat das geschlossene Seil ein weites Spiel, dann wird die Ellipse einem Kreis sehr ähneln. Es ist durchaus denkbar, daß die Etrusker vielleicht schon in einem früheren Stadium die Kampf- oder Spielfelder auf diese Weise gegen die Zuschauer abgegrenzt und sich damit von der einfacheren Kreisform gelöst hatten.
Welche Rolle spielen aber die Brennpunkte bei der Schallreflexion, etwa in einem elliptischen Zylinder? Ist der Brennpunkt F_1 Ausbreitungszentrum der Schallwellen, dann werden diese von der elliptischen Berandung so reflektiert, daß sie sich

in F_2 wieder treffen (Abb. 57). Aufgrund der Ellipsendefinition benötigt jede durch Reflexion von F_1 nach F_2 gelangende Welle die gleiche Zeit für diesen Weg. Liegt eine Lichtquelle S zwischen F_1 und F_2, so wird jeder nicht mit der Hauptachse zusammenfallende Strahl die Hauptachse nach der Reflexion

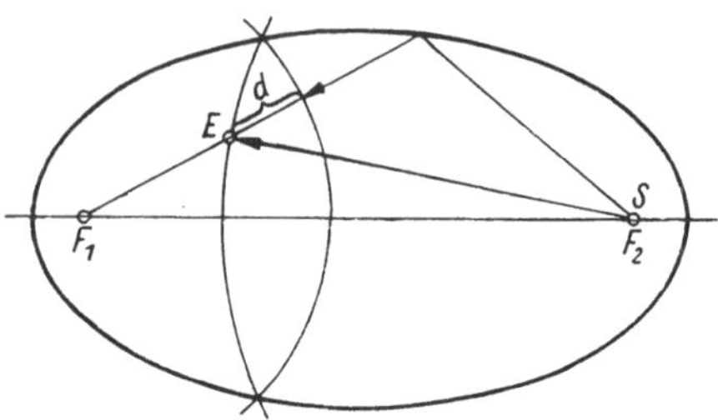

Abb. 57. Fokaleigenschaft der Ellipse

wieder in einem zwischen F_1 und F_2 liegenden Punkt schneiden. Hieraus folgt weiter, daß der von S ausgehende Strahl nach beliebig vielen Reflexionen am Ellipsenrand die Hauptachse immer wieder zwischen ihren Brennpunkten schneiden wird (Abb. 58).

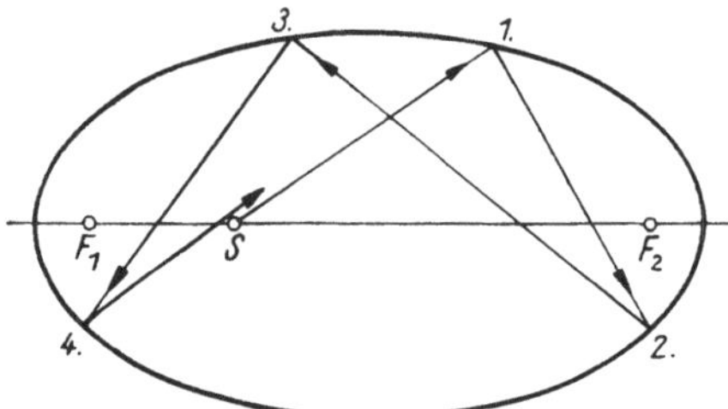

Abb. 58. Mehrfache Reflexion eines von S ausgehenden Strahles am Ellipsenrand

Durch Rotation der Ellipse um ihre Hauptachse können diese Überlegungen sofort wieder in den Raum übertragen werden. Es entsteht als „Innenraum" ein Rotationsellipsoid, von dem zu erwarten ist, daß der Ton darin sehr lange getragen wird, sofern die Wände ein gutes Reflexionsvermögen besitzen. Der Innenraum des Völkerschlachtdenkmals zu Leipzig ist näherungsweise ein solches spindelförmiges Drehellipsoid, dessen Achse senkrecht steht. Die steinernen Wände sind gute Schallreflektoren, und in der Tat trägt der Innenraum des Denkmals die Töne ungewöhnlich lange. Dies wird zu musikalischen Darbietungen besonderer Eigenart genutzt. Wegen der langen Nachhallzeit eignet sich dieser Raum allerdings nur zum Vortrag langsamer und getragener Melodien; für rhetorische Darbietungen ist er völlig ungeeignet.

Unter der Nachhallzeit eines Raumes versteht man die Zeitspanne, die ein laut vernehmbares akustisches Signal benötigt, um seine Energie in diesem Raum auf ein Millionstel abzubauen; d. h. bis man davon nichts mehr hört. Bei Konzertsälen wird angestrebt, daß diese in besetztem Zustand eine Nachhallzeit von 1,4 bis 2 s besitzen. Allerdings ist die Nachhallzeit eine frequenzabhängige Größe. Sie ist für hohe Töne im allgemeinen kürzer als für tiefe Töne. Dabei spielt auch das Material der Wände eine Rolle, und in einem leeren Konzertsaal ist die Nachhallzeit wesentlich höher als in einem vollbesetzten Saal.

Da die moderne Bauweise von Konzertsälen vielfach quaderförmige Stilelemente bevorzugt und die Begrenzungsflächen der Innenräume meistens eben sind, wollen wir noch untersuchen, in welcher Weise ein Strahl reflektiert wird, der in der Nähe einer Raumecke auftrifft. In einer solchen Raumecke schneiden sich bekanntlich drei paarweise aufeinander senkrecht stehende Ebenen.

Den Reflexionsvorgang eines Strahles in einer räumlichen Ecke wollen wir mittels zugeordneter Normalrisse verfolgen. Der Eckpunkt liege im Ursprung 0 eines kartesischen Koordinatendreibeins. Die Koordinatenachsen fallen mit je einer Schnittkante der drei sich in 0 paarweise senkrecht schneidenden Ebenen zusammen. In unserer Darstellung (Abb. 59) zeigt die x-Achse nach vorn, die y-Achse nach rechts und die z-Achse nach oben. Der einfallende Strahl s trifft zuerst die xy-Ebene in A. Da das Einfallslot l senkrecht auf der xy-Ebene steht, sieht man im Grundriß nichts von der Reflexion. Ferner gilt $\alpha = \alpha^*$, weil l parallel zur Aufrißebene liegt. l ist Winkelhalbierende des einfallenden und reflektierten Strahles, und l'' ist Halbierungslinie des Bildwinkels. Nun trifft der in A reflektierte Strahl die xz-Ebene im Punkt B. Da das Einfallslot m in B parallel zu beiden Bildebenen liegt, sind m' und auch m'' Winkelhalbierende in den Bildern des in B einfallenden und reflektierten Strahles. Es gilt daher $\varphi = \varphi^*$ und $\beta = \beta^*$. Endlich trifft der zum zweiten Mal reflektierte Strahl die yz-Ebene in C. Jetzt liegt das Einfallslot n in C parallel zur Grundrißtafel. Daher gilt $\psi = \psi^*$.

Wegen $\alpha^* + \beta = 90°$ folgt $\alpha = \gamma$; wegen $\varphi^* + \psi = 90°$ folgt $\varphi = \delta$. Damit ist gezeigt, daß der Strahl s nach dreimaliger Reflexion an den Ebenen einer räumlichen Ecke in einen Strahl t übergeht, der parallel zu s, jedoch entgegengesetzt gerichtet ist. In der Optik findet dieses Reflexionsprinzip eine technische Umsetzung im Tripelspiegel. Dieser wird in vielfältiger Weise, so bei allen nicht selbstleuchtenden Warnanlagen im Verkehrswesen, angewendet.

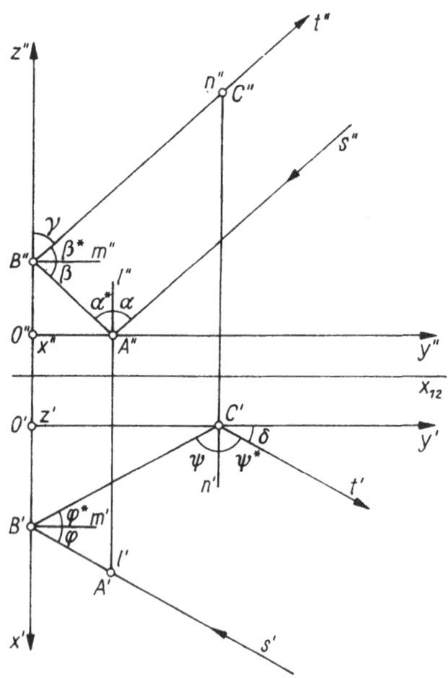

Abb. 59. Strahlreflexion an räumlicher Ecke; Prinzip des Tripel-Spiegels

In der Akustik ist danach zu unterscheiden, ob die reflektierenden Wände schalldämpfend oder nur wenig schallabsorbierend wirken. Bei starker Dämpfung ist vom Schall nach dreimaliger Reflexion kaum noch etwas zu vernehmen, d. h., die räumliche Ecke wirkt dann schallschluckend.

Bestehen die Wände der räumlichen Ecke jedoch aus gut reflektierendem Material, also aus Holz, Marmor oder polierten Steinflächen, so birgt dies für musikalische Darbietungen gewisse Gefahren. Wegen der Parallelität von ausgestrahlten und dreifach reflektierten Schallwellen kommt es in einem Konzertsaal mit solchen Raumecken zu einer sehr heterogenen Verteilung der von verschiedenen Instrumentengruppen ausgehenden Töne. Dadurch kann man von einer Platzgruppe die einen Instrumente und von einer weiteren Platzgruppe die anderen Instrumente besser vernehmen.

Aus diesem Grund erhebt sich die prinzipielle Frage, ob man in einem Konzert- oder Theatersaal auf den Effekt der Schallreflexion völlig verzichten soll und kann. Eine Schallabsorption läßt sich mit einer stark dämpfenden Wandverkleidung (z. B. Glaswatte) fast vollständig erreichen. Instrumentellen, gesanglichen und rhetorischen Darbietungen in einem stark schallabsorbierenden Raum fehlt nach den Erfahrungen der aktiv und passiv Beteiligten die Klangfülle und die räumliche Bezogenheit des Geschehens. Experimentelle Untersuchungen mit einem Pianisten führten zu dem Resultat, daß dieser in einem gedämpften Raum zu einem härteren Anschlag neigt als in einem ungedämpften Raum. Bei diesem Experiment wurde die Dämpfung - unbemerkt vom Instrumentalisten - während seines Spieles variiert. Damit war gezeigt, daß dieser Reflex völlig unbewußt und ungewollt auftritt.

Weitere Experimente haben bestätigt, daß die Schallreflexion unterhalb der Verwischungsschwelle von 0,05 s keinen negativen Einfluß hat, sondern im Gegenteil der musikalischen Darbietung zu einer größeren akustischen Wirksamkeit verhilft. Außer dem direkten Wege des Schalls vom Instrument an das Ohr ist das Mitklingen einer Reflexion erster Ordnung vorteilhaft, sofern die Längendifferenz zwischen direktem und gebrochenem Weg nicht größer als 17 m ist. Zusätzlich begünstigend wirkt es sich aus, wenn Holzvertäfelungen als Reflektoren dienen. Ihre Wiedergabe hat die besondere Eigenart, die Obertöne verstärkt auszustrahlen und so der Musik einen besonderen Glanz zu verleihen. Jede Schallreflexion im Konzertsaal darf jedoch keinesfalls - weder durch das Material noch durch die geometrische Formgebung des Reflektors bedingt - selektierend nach dem Standort der Musiker oder nach der Tonlage auf den Hörer einwirken.

Besonders problematisch ist in größeren Sälen das Auftreten unerwünschter Echoeffekte, die weit oberhalb der Verwischungsgrenze liegen. Steht das Orchester mehr als 10 m vor der Rückwand der Bühne, so kann das Echo bereits störend für die Hörer und die Musiker selbst werden. Wenn die Rückwand

des Konzertsaales unzureichend gedämpft ist, liegt der zurückgeworfene Schall mit Sicherheit für die vorderen Reihen oberhalb der Verwischungsgrenze. Die Deckengestaltung eines Saales ist gleichfalls in die raumakustischen Überlegungen einzubeziehen. Eine konkave Wölbung der Decke führt leicht zur Schallfokussierung und damit zu einer unausgeglichenen Beschallung des Auditoriums. Liegt die Decke höher als 8 m über dem Parkett, so werden die Empfangszeiten für die direkte und indirekte Beschallung mehr als 1/20 s auseinandergezogen.
Sehr schwierig sind Kuppelbauten bezüglich ihrer akustischen Eigenschaften zu beherrschen. Um störende Echoeffekte nach Fertigstellung des Baues noch auszuschalten, legt man gewisse Teile des Innenraumes akustisch tot. Dies geschieht durch Einspannen von Drahtnetzen geeigneter Maschenweite. Auf diese Weise wurde beispielsweise die Kuppel der von *Karl Friedrich Schinkel* (1781–1841) erbauten Nikolaikirche in Potsdam akustisch ausgeschaltet. Auch durch Aufhängen einer großen Zahl langer Fäden kann man das akustische Verhalten eines Raumes nachträglich korrigieren; beim Berliner Dom wurde dies angewandt.
Allgemeingültige Regeln für optimal befriedigende akustische Lösungen im Bauwesen hat man wegen der Fülle der mitwirkenden Komponenten bis heute noch nicht aufstellen können. Man greift bei größeren Projekten deshalb stets auf den Modellversuch zurück, um zu akustisch günstigen Varianten zu gelangen. Für Konzertsäle ist sicher die geometrische und materielle Gestaltung der Bühne sowie der Bühneneinfassung von entscheidendem Einfluß für die Resonanzfähigkeit beim Publikum. Schallreflektierende und resonanzfähige Segmente sind so einzubauen, daß direkte und indirekte Beschallung in einem abgewogenen Maß bei Laufzeitdifferenzen unterhalb der Verwischungsgrenze auf einen möglichst großen Teil der Hörer einwirken können. Dabei dürfen die sonstigen Anliegen der Bühnentechnik natürlich nicht unbeachtet bleiben.

14. Doppler-Effekt

Im Straßenverkehr oder an Eisenbahnübergängen können wir mitunter an bewegten Tonquellen eine bemerkenswerte Erscheinung beobachten, die nach einem seiner Entdecker „Doppler-Effekt“[1]) genannt wird. Fährt eine pfeifende Lokomotive mit hinreichend großer Geschwindigkeit an uns vorbei, so registrieren wir im Moment des Vorbeifahrens einen Tonsprung von einem höheren zu einem tieferen Ton. Bei schneller Fahrt liegt dieses Tonintervall etwa in der Größenordnung der Sekunde. Wie erklärt sich dieser Effekt, und wie kann man ihn formelmäßig erfassen?

Sendet eine ruhende Tonquelle in gleichen Abständen Impulse in einem ruhenden Medium aus, so bilden die Wellenfronten im ebenen Fall eine Schar konzentrischer Kreise (Abb. 60). Bewegt sich die Tonquelle geradlinig gleichförmig mit der Geschwindigkeit $v < c$ im ruhenden Medium, so entsteht im ebenen Fall gleichfalls eine Schar von Kreisen als Wellenfronten, die jedoch nicht mehr konzentrisch sind (Abb. 61).

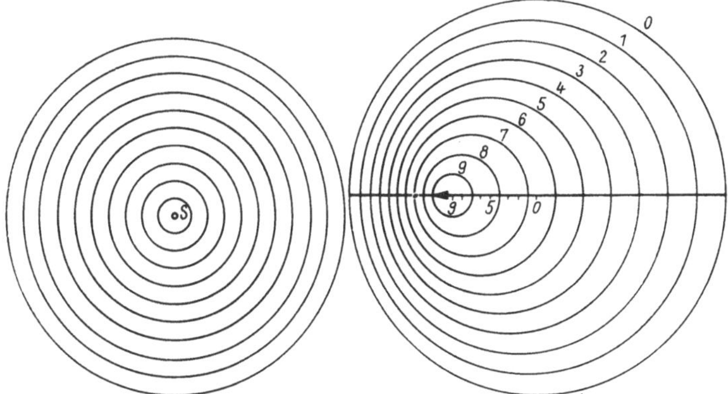

Abb. 60. Schallausbreitung in ruhendem Medium bei ruhender Tonquelle

Abb. 61. Schallausbreitung bei geradlinig gleichförmig bewegtem Sender in ruhendem Medium

[1]) *Christian Doppler* (1803–1853).

In Fahrtrichtung findet die stärkste Stauchung, in entgegengesetzter Richtung die stärkste Streckung der Wellenbewegung statt. Sind λ^- die in Fahrtrichtung und λ^+ die entgegengesetzt zur Fahrtrichtung gemessenen Wellenlängen sowie f_s die Frequenz des Senders S (Tonquelle) und f_E^- bzw. f_E^+ die von den Empfängern (dem Ohr) registrierten Frequenzen, so gilt für den Empfänger:

in Fahrtrichtung	entgegengesetzt zur Fahrtrichtung
$\lambda^- = \dfrac{c - v}{f_s}$ (1a)	$\lambda^+ = \dfrac{c + v}{f_s}$ (1b)

und

$\lambda^- = \dfrac{c}{f_E^-}$ (2a)	$\lambda^+ = \dfrac{c}{f_E^+}$ (2b)

Aus der Gleichsetzung der beiden Ausdrücke für die gestauchte bzw. gestreckte Wellenlänge folgt weiter:

$$\frac{c}{f_E^-} = \frac{c - v}{f_s} \quad (3a) \qquad \frac{c}{f_E^+} = \frac{c + v}{f_s} \quad (3b)$$

Damit ergeben sich folgende Beziehungen zwischen den Sende- und Empfangsfrequenzen bei geradlinig gleichförmig bewegter Tonquelle S:

$$f_E^- = \frac{c}{c - v} f_s \quad (4a) \qquad f_E^+ = \frac{c}{c + v} f_s \quad (4b)$$

Mit Hilfe der Formel (4) soll das Tonintervall bestimmt werden, welches zu hören ist, wenn eine pfeifende Lokomotive mit einer Geschwindigkeit von $90\,\mathrm{km \cdot h^{-1}}$ unmittelbar an uns vorbeifährt. Mit $c = 340\,\mathrm{m \cdot s^{-1}}$ und $v = 25\,\mathrm{m \cdot s^{-1}}$ erhält man nach Formel (4a) $f_E^- = \frac{340}{315} f_s$ und nach Formel (4b) $f_E^+ = \frac{340}{365} f_s$.

Das Tonintervall ergibt sich als Quotient der beiden Frequenzen

$f_E^- : f_E^+ = 365 : 315 = 1{,}15873.$

Dieser Tonsprung entspricht etwa der Sekunde.

Aus den Formeln (4) lassen sich weitere Folgerungen ziehen. Ist eine gleichförmig auf uns zukommende Tonquelle Sender einer Oktave, so werden wir die beiden Töne als Oktave wahrnehmen, jedoch in einer anderen Tonhöhe. Harmonien gehen bei diesem Vorgang in Harmonien und Dissonanzen wieder in Dissonanzen über, weil die Verhältnisse der Schwingungszahlen erhalten bleiben. Beispielsweise wird ein von dem bewegten Sender S ausgestrahlter Dur-Dreiklang von den Empfängern E^+ und E^- wieder als ein Dur-Dreiklang wahrgenommen.

Nähert sich v der Schallgeschwindigkeit c, so geht nach (1a) die Wellenlänge λ^- gegen Null. Es bedarf eines besonders hohen Energieaufwandes, um einen Körper, z. B. ein Flugzeug, auf Schallgeschwindigkeit c zu beschleunigen. Diese „Barriere" wird „Schallmauer" genannt. Ein sich mit Überschallgeschwindigkeit bewegender Flugkörper erzeugt in der Atmosphäre einen kegelförmigen Verdichtungsstoß, den unser Ohr als kräftigen Knall registriert.

Etwas anders liegen die Dinge, wenn sich der Empfänger E im ruhenden Medium auf die ruhende Tonquelle S mit der Geschwindigkeit v zubewegt. Ist s die Weglänge von E nach S und t die Durchlaufzeit der Strecke s, so gilt $s = v \cdot t$ (5).

Bezeichnet weiterhin f_S die Sendefrequenz, f_E^+ die vom Empfänger registrierte Frequenz und λ die Länge der von S ausgesandten Wellen, so gelten die Gleichungen

$$tf_E^+ = tf_S + \frac{s}{\lambda} \quad (6) \qquad \text{und} \quad \lambda = \frac{c}{f_S}. \quad (7)$$

Aus (5), (6) und (7) folgt

$$f_E^+ = \left(1 + \frac{v}{c}\right) f_S. \quad (8)$$

Entfernt sich der Empfänger vom Sender mit der Geschwindigkeit v, so folgt aus analogen Überlegungen

$$f_E^- = \left(1 - \frac{v}{c}\right) f_S. \quad (9)$$

Unter der Voraussetzung $v = c$ resultiert aus der Formel (8) $f_E^+ = 2f_S$; d. h., der vom ruhenden Sender S ausgehende Ton wird von dem sich in Richtung S bewegenden Empfänger genau eine Oktave höher registriert. Aus Formel (9) folgt $f_E^- = 0$; d. h., der sich von S mit der Geschwindigkeit $v = c$ entfernende Empfänger nimmt den von S ausgestrahlten Ton nicht wahr.

Begegnen sich zwei D-Züge mit hohen Geschwindigkeiten,

wobei von einer der Lokomotiven ein Warnpfiff mit der Frequenz f_S abgegeben wird, so ist in dem anderen Zug ein Tonintervall von der Größenordnung der Quarte zu hören. Sind v_S die Geschwindigkeit der pfeifenden Lokomotive und v_E die Geschwindigkeit des vorbeifahrenden Empfängers, so gilt für die Empfangsfrequenzen

$$\text{a) vor der Begegnung:} \quad f_E^- = \frac{c + v_E}{c - v_S} f_S, \tag{10}$$

$$\text{b) nach der Begegnung:} \quad f_E^+ = \frac{c - v_E}{c + v_S} f_S. \tag{11}$$

Ist $v_S = 108\,\text{km} \cdot \text{h}^{-1}$ und $v_E = 72\,\text{km} \cdot \text{h}^{-1}$, so folgt für das Verhältnis der beiden Empfangsfrequenzen nach den Formeln (10) und (11)

$$f_E^- : f_E^+ = 333 : 248 \approx 1{,}343.$$

Dieser Tonsprung entspricht etwa der Quarte.

In Verbindung mit dem Doppler-Effekt möge noch ein grundlegendes Gedankenexperiment erörtert werden. Auf zwei zueinander parallelen geradlinigen Gleisen bewegen sich zwei Triebwagen T_1 und T_2 gleichförmig mit den unbekannten Geschwindigkeiten v_1 und v_2 aneinander vorbei. Im Triebwagen T_1 befinde sich eine Tonquelle mit der Frequenz f_1. Im Triebwagen T_2 wird der von T_1 ausgehende Ton vor und nach der Begegnung registriert. Die dabei zu verzeichnenden Frequenzen sind f_2 bzw. f_3. Für den Fall akustischer Wellen ist es möglich, aus f_1, f_2, f_3 und der bekannten Schallgeschwindigkeit c die Geschwindigkeiten v_1 und v_2 der Triebwagen zu berechnen. Unter Beachtung der Bezeichnungsänderungen findet man zunächst aus Gleichung (10) und (11)

$$f_2(c - v_1) = (c + v_2) f_1 \quad \text{und} \quad f_3(c + v_1) = (c - v_2) f_1. \tag{12}$$

Das Gleichungssystem (12) ist linear in v_1 und v_2. Für $f_2 \neq f_3$ läßt sich dieses Gleichungssystem nach v_1 und v_2 auflösen.
Man erhält

$$v_1 = \frac{f_2 + f_3 - 2f_1}{f_2 - f_3} c, \quad v_2 = \frac{f_1 f_2 + f_1 f_3 - 2 f_2 f_3}{f_1 f_2 - f_1 f_3} c. \tag{13}$$

Als Beispiel werde der Fall betrachtet:

$$f_1 = 280\,\text{Hz}, \qquad f_2 = 330\,\text{Hz}, \qquad f_3 = 240\,\text{Hz}.$$

Durch Einsetzen dieser Zahlen in Formel (13) findet man

$$v_1 = \frac{1}{9}c, \quad v_2 = \frac{1}{21}c.$$

Aus dem gleichen Vorzeichen von v_1 und v_2 folgt, entsprechend dem rechnerischen Ansatz bei Ableitung der Formeln (12), daß sich die Fahrzeuge T_1 und T_2 begegnen und nicht ein Fahrzeug das andere überholt.

Kehren wir abschließend zur Lichtausbreitung zurück, um nach den Analogien zur Schallausbreitung zu fragen. Wellenlängen der Spektralfarben des Lichtes lassen sich sehr genau mit Hilfe des Spektrometers ermitteln. Von bestimmten Elementen werden in angeregtem Zustand charakteristische Spektralfarben ausgesandt. Analog findet man an Instrumenten eine Zuordnung zu gewissen Tonbereichen mit markanten Klangfarben.

Zunächst stellt sich die Frage, ob bei elektromagnetischen Wellen ebenfalls der Doppler-Effekt beobachtbar ist.[1]) Trotz der viel höheren Ausbreitungsgeschwindigkeit des Lichtes, die Lichtgeschwindigkeit beträgt etwa 300000 km · s^{-1}, läßt sich der Doppler-Effekt experimentell vielfältig bestätigen. Eine wichtige Anwendung findet er in der Astronomie zur Bestimmung der Rotationsgeschwindigkeit der Planeten Merkur und Venus sowie der Umlaufgeschwindigkeit spektroskopischer Doppelsterne. Ist die Oberfläche des Planeten selbst nicht beobachtbar, so kann angenommen werden, daß die den Planeten umgebenden Gase bei der Rotation von der Oberfläche mitgeführt werden. Bei ungefähr bekannter Lage des Äquators des Planeten richtet man das Spektroskop erst auf den einen und dann auf den anderen Schnittpunkt von Äquator und scheinbarem Umriß. In einem Schnittpunkt bewegen sich die Teilchen auf den Beobachter zu, im anderen vom Beobachter weg. Auf Grund der Verschiebungen charakteristischer Linien aus ihrer Normallage innerhalb des Spektrums kann mittels des Dopplerschen Prinzips auf die Rotationsgeschwindigkeit des Himmelskörpers geschlossen werden. Ähnliche Meßmethoden wendet

---

[1]) C. Doppler formulierte das nach ihm benannte Prinzip zuerst für Farbverschiebungen der Gestirne. Er behauptete, daß ein Stern, der sich auf uns zu bewegt, ein nach der violetten Farbe verschobenes Spektrum haben müsse. Bei entgegengesetzter Bewegung müsse sich das Spektrum nach Rot verschieben. *Christopherus Buys-Ballot* (1817–1890) formulierte das Prinzip 1845 für die Akustik und bewies die Richtigkeit seiner Aussage auch experimentell.

man bei der Bestimmung der Umlaufgeschwindigkeiten von Doppelsternen an.
Bemerkenswert ist eine Erscheinung aus der Astrophysik, die Rotverschiebung genannt wird. Man versteht darunter eine Verschiebung der Spektrallinien von weit entfernten Sterngebilden hin zum Bereich längerer Wellen. Die Rotverschiebung der Spektrallinien eines Sternhaufens kann im Sinne Dopplers dahingehend interpretiert werden, daß sich dieser Sternhaufen mit großer Radialgeschwindigkeit von unserem Sonnensystem entfernt. Rein statistisch hat sich ergeben, daß die hypothetische Fluchtgeschwindigkeit eines Sternsystems gemäß der Rotverschiebung um so größer ist, je weiter es von unserem galaktischen System entfernt liegt. Für einen Sternhaufen, der eine Entfernung von etwa 1 Million Lichtjahren von der Galaxis hat, resultiert eine „Fluchtgeschwindigkeit" von ungefähr $160 \text{ km} \cdot \text{s}^{-1}$.
Bezüglich der Beobachtung des Doppler-Effektes innerhalb des Bereiches der elektromagnetischen Wellen ist allerdings noch eine sehr wesentliche Einschränkung notwendig: Im vorigen Jahrhundert beschäftigte die Astrophysiker sehr intensiv das Problem, mit welcher absoluten Geschwindigkeit sich beispielsweise unser Sonnensystem bezüglich eines postulierten absoluten Systems bewegt. Hierzu wurde von der Hypothese eines absolut ruhenden Mediums, des „Äthers", ausgegangen, welcher als Träger der elektromagnetischen Wellen, also auch des Lichtes, fungiere. Unter dieser Voraussetzung müßte unser Triebwagenexperiment, auf die Dimensionen der Astronomie übertragen, einen Zugang zu dieser absoluten Reisegeschwindigkeit unseres Sonnensystems im Weltraum bieten. Bereits unsere Erde besitzt bezogen auf die Sonne eine Bahngeschwindigkeit von $30 \text{ km} \cdot \text{s}^{-1}$. Trotz der Lichtgeschwindigkeit von $300000 \text{ km} \cdot \text{s}^{-1}$ eröffnen sich mit Hilfe außerordentlich verfeinerter Meßtechnik Möglichkeiten, die Erscheinung des Doppler-Effektes im Bereich der elektromagnetischen Wellen genauestens zu untersuchen (Michelson-Versuch 1887)[1]). Alle experimentellen Befunde zwingen jedoch zu dem schwerwiegenden Schluß, daß man bei der elektromagnetischen Wellenausbreitung nicht zwischen

---

[1]) *Albert Abraham Michelson* (1852–1931). Der von ihm durchgeführte Versuch wurde von Nachfolgern unter verschiedenartigen Nebenbedingungen wiederholt. Die Versuchsergebnisse zwangen stets zu den gleichen Schlußfolgerungen.

ruhender Lichtquelle - bewegtem Empfänger einerseits und bewegter Lichtquelle - ruhendem Empfänger andererseits unterscheiden kann. Es ergibt sich die zunächst anschaulich schwer faßbare Konsequenz, daß man im Weltall kein Bezugssystem vor dem anderen auszeichnen kann. Die Astrophysiker sind folglich nur in der Lage, die relativen Geschwindigkeiten von Fixsternen zueinander mit grober Näherung zu bestimmen. Die Festlegung eines Bezugssystems ist ihrer eigenen Willkür überlassen. Die von uns abgeleiteten Formeln (13) lassen sich also nicht auf die elektromagnetische Wellenausbreitung übertragen.

Nach unserem Exkurs in die Relativitätstheorie können wir abschließend für die Akustik mit Beruhigung feststellen, daß hier zur Erklärung aller Erscheinungen der Wellenausbreitung stets anschauliche Modelle der Mechanik mit Erfolg anwendbar sind.

Biographischer Anhang

Aristoteles (384–322 v. u. Z.), griechischer Philosoph, Schüler Platons, Lehrer Alexanders des Großen.

Bach, Carl Philipp Emanuel (1714–1788), „Hamburger Bach“, Komponist, mit seinen Klavierkompositionen stilbestimmend für die Folgezeit.

Bach, Johann Sebastian (1685–1750), Komponist, Thomaskantor in Leipzig 1723–1750, repräsentativster Vertreter der Orgelkomposition.

Bach, Veit (1559–1619), Ururgroßvater von J. S. Bach, betrieb Musik aus Liebhaberei.

Beethoven, Ludwig van (1770–1827), Komponist, Großmeister der „Wiener Klassik“.

Buys-Ballot, Christopherus (1817–1890), niederländischer Physiker und Meteorologe.

Chladni, Ernst (1756–1827), Physiker, widmete sich vor allem der Akustik. Nach ihm wurden die Chladnischen Klangfiguren benannt.

Corti, Alfonso (1822–1876), italienischer Anatom.

Cristofori, Bartolommeo (1655–1731), italienischer Klavierbauer, Erfinder des Hammerflügels, G. Silbermann übernahm Hammermechanismus Christoforis.

Damon und *Phintias* aus Syrakus, Mitglieder des Geheimbundes der Pythagoreer, berühmt für Freundestreue durch Schillers „Bürgschaft“.

Didymos (geb. 63 v. u. Z.), griechischer Grammatiker, faßte in zahlreichen Schriften die Gelehrsamkeit der Alexandriner zusammen.

Doppler, Christian (1803–1853), Physiker und Mathematiker, bekannt durch Abhandlung „Über das farbige Licht der Doppelsterne“ (1842) und das darin ausgesprochene „Doppler-Prinzip“.

Euler, Leonhard (1707–1783), schweizerischer Mathematiker, Physiker und Astronom, einer der produktivsten Mathematiker aller Zeiten.

Fechner, Gustav Theodor (1801–1887), Physiker und Naturphilosoph, Universitätsprofessor in Leipzig.

Galilei, Galileo (1564–1642), italienischer Mathematiker, Physiker und Astronom, Entdecker der Pendelgesetze, der Fallgesetze, der Jupitermonde und des Phasenwechsels der Venus, Inquisitionsverfahren 1633.

Helmholtz, Hermann von (1821–1894), Physiologe und Physiker, schrieb u. a. „Die Lehre von den Tonempfindungen“ (1862).

Hertz, Heinrich (1857–1894), Physiker, Begründer der Hochfrequenzphysik.

Hippasos von Metapontum (um 430 v. u. Z.), griechischer Mathematiker, in seiner Jugend Anhänger des Pythagoras, verbreitete später die Erkenntnisse der Irrationalität.

Hooke, Robert (1635–1703), englischer Naturforscher.

Johann Georg I. (1611–1656), Kurfürst von Sachsen.

Karl der Große (742–814), König der Franken, 800 in Rom zum Kaiser gekrönt.

Kundt, August (1839–1894), Physiker, bestimmte Schallgeschwindigkeit in festen Körpern und Gasen.

Mersenne, Marin (1588–1648), französischer Philosoph, Mathematiker und Musiktheoretiker, machte Entdeckungen von Descartes, Fermat, Huygens bekannt, Hauptwerk: „Harmonie universelle" (1636).

Michelson, Albert Abraham (1852–1931), amerikanischer Physiker deutscher Herkunft, untersuchte Interferenzerscheinungen, lieferte wesentliche Ansatzpunkte für Relativitätstheorie, Nobelpreis 1907.

Newton, Isaac (1643–1727), englischer Physiker, Mathematiker und Astronom, Begründer der klassischen Physik.

Ohm, Georg Simon (1787–1854), Physiker, veröffentlichte 1826 das von ihm entdeckte und nach ihm benannte Ohmsche Gesetz, entwickelte u. a. Theorie der Obertöne.

Philolaos von Tarent (um 430 v. u. Z.), Pythagoreer.

Platon (427–347 v. u. Z.), griechischer Philosoph.

Preatorius, Michael (1571–1621), Komponist, Organist und Musiktheoretiker, Kapellmeister in Wolfenbüttel, hinterließ wertvolle Kirchenkompositionen und musikwissenschaftliche Schriften.

Pythagoras von Samos (um 580–496 v. u. Z.), griechischer Philosoph und Mathematiker, Begründer der wissenschaftlichen Akustik.

Ramos, Bartolomé (um 1440–1491), spanischer Musiktheoretiker, 1482–1484 Professor in Bologna.

Schiller, Friedrich von (1759–1805), Dichter, neben Goethe Repräsentant der klassischen deutschen Nationalliteratur, dichtete u. a. „Die Bürgschaft".

Schinkel, Karl-Friedrich (1781–1841), Baumeister und Maler, der seit 1806 das architektonische Gesicht von Berlin wesentlich mitprägte.

Schnitger, Arp (1648–1720), Orgelbauer, vollendete mit 160 in Norddeutschland, Holland, England, Spanien, Portugal, und Rußland gebauten Orgeln den Typus der hochbarocken Werk-Orgel.

Schubert, Franz (1797–1828), Komponist, Meister des klavierbegleiteten Sololiedes, komponierte u. a. den Liedzyklus „Die Winterreise".

Silbermann, Andreas (1678–1734), Orgelbauer, arbeitete vor allem im Elsaß.

Silbermann, Gottfried (1683–1753), Orgelbauer, Bruder und Schüler von A. Silbermann, baute etwa 50 Orgeln vor allem in Sachsen.

Tartini, Giuseppe (1692–1770), italienischer Komponist, Violinvirtuose, Pädagoge und Musiktheoretiker.

Theodoros von Kyrene (um 465–400 v. u. Z.), griechischer Mathematiker, bewies die Irrationalität von verschiedenen Zahlen.

Thurn und Taxis, Franz von (1460–1517), errichtete die erste regelmäßige Post zwischen Brüssel und Wien, 1615 wurde dem Hause das „Reichserbgeneralpostmeisteramt" übertragen.

Titus, Flavius Vespasianus (39–81), römischer Kaiser, weihte das Kolosseum ein und ließ Thermen errichten.

Vespasian, Titus Flavius Vespasianus (7–79), römischer Kaiser.

Weber, Ernst Heinrich (1795–1878), Physiologe und Anatom, Mitbegründer der physikalisch-mathematischen Richtung der Physiologie.

Werckmeister, Andreas (1645–1706), Musiktheoretiker, Organist in Halberstadt.

Sachverzeichnis

H. KÄSTNER / P. GÖTHNER

Algebra - aller Anfang ist leicht

Mathematische Schülerbücherei
Nr. 107

4. Auflage. 155 Seiten mit 30 Abbildungen
12 cm × 19 cm. 1989. Kartoniert 8,40 M
Bestell-Nr. 666 138 1 Bestellwort: Kaestner, Algebra

Inhalt

Mengen: Begriff der Menge · Gleichheit von Mengen · Teilmengen · Mengenoperationen · Kartesisches Produkt · Abbildungen und Funktionen · Zerlegung einer Menge in Klassen · Begriff der Mächtigkeit.

Relationen: Begriff der Relation · Eigenschaften von Relationen · Äquivalenzrelationen · Ordnungsrelationen.

Operationen: Begriff der Operation · Eigenschaften von Operationen · Elemente mit speziellen Eigenschaften · Kongruenzrelationen.

Algebraische Strukturen: Gruppe, Ring und Körper · Einfache Folgerungen aus den Axiomensystemen · Strukturverträgliche Abbildungen · Abgeleitete Strukturen.

LEIPZIG

BSB B. G. TEUBNER VERLAGSGESELLSCHAFT
LEIPZIG

MATHEMATISCHE SCHÜLERBÜCHEREI

Lehmann, Mathematik – von der Pflicht zur Kür/Prüfungs- und Übungsaufgaben, Knobeleien und Lösungshinweise
Nr. 130 | 147 Seiten | 12,– M | 666 253 6

Miller, Gelöste und ungelöste mathematische Probleme
Nr. 73 | 96 Seiten | 5,70 M | 665 673 4

Schreiber, Die Mathematik und ihre Geschichte im Spiegel der Philatelie
Nr. 68 | 117 Seiten | 9,80 M | 665 984 7

Schröder, Kartenentwürfe der Erde/Kartographische Abbildungsverfahren aus mathematischer und historischer Sicht
Nr. 128 | 168 Seiten | 9,– M | 666 460 3

Schröder, Mathematik im Reich der Töne
Nr. 106 | 111 Seiten | 7,– M | 666 078 4

Sedláček, Einführung in die Graphentheorie
Nr. 40 | 171 Seiten | 6,40 M | 665 105 2

Smogorschewski, Lobatschewskische Geometrie
Nr. 96 | 75 Seiten | 6,– M | 665 842 2

Thiele, Mathematische Beweise
Nr. 99 | 176 Seiten | 8,60 M | 665 919 3

Wilenkin, Unterhaltsame Mengenlehre
Nr. 64 | 184 Seiten | 6,50 M | 665 636 3

KLEINE NATURWISSENSCHAFTLICHE BIBLIOTHEK (Mathematik)

Bakelman, Spiegelung am Kreis
Bd. 6 | 132 Seiten | 7,– M | 665 735 8

Wilenkin, Methoden der schrittweisen Näherung
Bd. 5 | 108 Seiten | 5,90 M | 665 723 5

BSB B. G. TEUBNER VERLAGSGESELLSCHAFT LEIPZIG